空间受限跳频通信系统
安全组网与同址干扰抑制技术

袁小刚　编著

中国铁道出版社有限公司
CHINA RAILWAY PUBLISHING HOUSE CO., LTD.

内 容 简 介

本书论述了空间受限跳频电台的通信干扰问题,系统分析了空间受限跳频通信系统的同址干扰类型、计算方法、分析模型,针对同址干扰的具体类型、组网要求和干扰抑制技术进行详细的数据分析和实验仿真,主要包括同址配置多部跳频电台时的跳频同址分析仿真模型、跳频通信系统安全组网方法、射频分配技术、自适应宽带跳频同址干扰抵消技术等内容。

本书适合作为高等院校网络空间安全相关专业的教材,也可供通信网络安全工程师及研究人员阅读参考。

图书在版编目(CIP)数据

空间受限跳频通信系统安全组网与同址干扰抑制技术/
袁小刚编著. —北京:中国铁道出版社有限公司,2024.1
ISBN 978-7-113-30692-2

Ⅰ.①空…　Ⅱ.①袁…　Ⅲ.①跳频-通信抗干扰-研究
Ⅳ.①TN914.41

中国国家版本馆 CIP 数据核字(2023)第 218173 号

书　　名:**空间受限跳频通信系统安全组网与同址干扰抑制技术**
作　　者:袁小刚

策　　划:潘晨曦　谢世博　　　　编辑部电话:(010)51873135
责任编辑:谢世博　徐盼欣
封面设计:郑春鹏
责任校对:苗　丹
责任印制:樊启鹏

出版发行:中国铁道出版社有限公司(100054,北京市西城区右安门西街 8 号)
网　　址:http://www.tdpress.com/51eds/
印　　刷:北京铭成印刷有限公司
版　　次:2024 年 1 月第 1 版　2024 年 1 月第 1 次印刷
开　　本:787 mm×1 092 mm　1/16　印张:7　字数:162 千
书　　号:ISBN 978-7-113-30692-2
定　　价:35.00 元

前　言

在现代通信技术飞速发展和广泛应用的今天，通信质量和通信安全成为人们关注的重点。跳频通信由于其突出的抗干扰能力，在通信领域的地位越来越重要。但是，同一通信平台架设多部跳频电台时，同址干扰严重影响跳频通信系统的正常工作。随着跳频电台在通信中广泛应用，空间受限的跳频通信系统必然面临严重的同址干扰问题，对通信效能产生不良影响，亟待解决。因此，对跳频电台的同址干扰问题进行分析和解决意义重大，这可以为实际解决同址干扰问题提供参考。

本书内容涉及空间受限跳频通信系统同址干扰的具体分析和频率分配、自适应干扰抵消等干扰抑制技术。全书共分为 6 章，结构如下：第 1 章简要介绍空间受限跳频通信系统同址干扰的概念、原理、现状及主要的跳频同址干扰抑制技术，阐述研究跳频同址干扰抑制技术的重要意义和研究进展；第 2 章详细分析空间受限跳频通信系统的同址干扰，深入分析发射基波干扰、杂散干扰、互调干扰三种同址干扰基本形式的基本原理及其干扰判断方法，给出三种同址干扰电平计算及干扰判定的相关参数，建立跳频同址干扰分析模型；第 3 章介绍空间受限跳频通信系统的安全组网优化方法，建立组网优化的约束条件和数学模型，基于遗传算法、模拟退火算法等智能算法实现天线布局优化、频率分配算法，对组网优化情况进行实验仿真；第 4 章介绍跳频通信射频系统的同址干扰抑制技术，详细分析天线隔离、带通滤波和射频限幅三种同址干扰抑制技术，深入研究综合运用天线隔离和带通滤波技术的跳频通信系统射频分配技术；第 5 章介绍导频辅助自适应宽带跳频同址干扰抵消方法，根据跳频同址干扰的宽带特性和同址干扰传输信道的频率选择性衰落特性改进信道估计的方法，研究模拟信号方式实现的导频辅助自适应宽带跳频同址干扰抵消方法；第 6 章为基于 Laguerre 滤波器的自适应宽带跳频同址干扰抵消方法，针对自适应跳频同址干扰抵消要求收敛速度快的特点，引入一种计算复杂度低、收敛速度快和稳态误差小的改进 LMS/F 组合算法，分析 Laguerre 滤波器极点取值与传递函数幅频响应的关系，详细介绍一种采用 Laguerre 滤波器实现的自适应宽带跳频同址干扰抵消方法。

本书的编著得到了甘肃政法大学网络空间安全省级重点学科的大力支持，在此表示衷心的感谢。

限于编著者水平，书中不妥及疏漏之处在所难免，诚恳期待广大读者批评指正。

编著者
2023 年 5 月

目　录

第1章
空间受限跳频通信系统
同址干扰概述

▌ 1.1 研究背景

随着现代通信技术的飞速发展,空间受限的大型多天线系统(如指挥控制中心、车载、舰船、飞机、卫星和临近空间通信平台等)中的电子设备越来越拥挤。多部跳频通信电台在同一个平台上架设和使用时,相互间不可避免地会产生同址干扰,轻则使得跳频接收机的输入信噪比恶化、通信质量下降,重则造成通信中断,对通信安全造成极大危害。

同址干扰的主要成分通常包括发射机基波干扰、杂散干扰、互调干扰、谐波干扰、乱真响应和镜像干扰等。对于传统的窄带定频通信系统来说,满足以下两个条件就能够有效降低同址干扰:①满足特定的频率间隔标准;②避免频率合成,以防产生有害的互调频率。由于跳频通信的频点多、接收机射频带通滤波器带宽大,因而当多个跳频电台同址时,严重的同址干扰会导致频谱管理在跳频通信系统中变得复杂,如果不能很好地解决同址干扰问题,就必然导致空间受限跳频通信系统配置规模的下降。

如果为了降低跳频通信系统的同址干扰,对跳频电台的总体设计进行修改,不仅需要大量的投资,而且短时间内难以实现。因此,在不改变跳频电台基本设计和性能的前提下,通过深入研究各种跳频同址干扰抑制技术,降低空间受限跳频通信系统的同址干扰,从而增加跳频通信系统的有效通信距离和可靠性,具有重要的理论意义。

着眼提高跳频通信的安全性和有效性,系统开展空间受限跳频通信系统的同址干扰分析方法和干扰抑制技术研究,可以为空间受限通信平台同时架设和使用多部跳频电台提供一个有效的解决方法,对提高跳频通信系统的电磁兼容性能和发挥跳频电台性能优势具有重要意义。

1.2　空间受限跳频通信系统同址干扰简介

当多部电台架设在同一个通信平台时称为同址情况。对于空间受限的大型多天线系统,天线之间距离不可能选得很大,导致同址工作的发射机和邻近接收机的收发电平相差很大(相差可达 50 ~ 100 dB)。虽然这些天线的工作频率有一定的间隔,但因天线耦合很强,故电台间不可避免地产生严重的同址干扰,如图 1.1 所示。

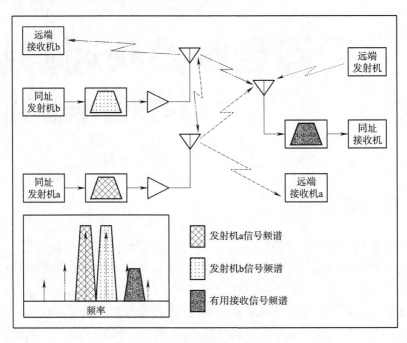

图 1.1　同址干扰产生示意图

同址工作的电台数量较少时,同址干扰主要来自发射机基波干扰、杂散干扰和接收机互调干扰。随着同址发射机数量的不断增加,发射机互调干扰成为重要的同址干扰形式。

1.2.1　地空跳频通信系统同址干扰的特点

地空通信是指地面与飞机之间的通信,这是对飞机指挥、引导的最主要通信手段之一。地空通信主要使用甚高频(VHF)和特高频(UHF)频段,属视距通信,通信距离一般在 350 km 以内。超短波地空通信系统通常需要同址架设几部甚至十几部电台,以用于对所属飞机实施地空通信和航路指挥。由于同址架设的电台数量多、天线间距小,因此多部电台同址工作时相互干扰十分严重。

跳频通信由于其突出的抗干扰能力,在地空通信中得到了广泛应用。与定频通信系统相比,跳频通信系统的同址干扰更加复杂和严重,主要体现在以下两个方面。

(1)相对于定频通信系统,跳频通信系统无论发射端还是接收端的滤波器带宽都要宽很多,且跳频通信的频点多。因而,在发射端,由于滤波器带宽较宽和相邻的发射电台的频率变化,使得在滤波器带宽内耦合进大量其他发射机的发射信号,从而相互作用形成严重的发射机互调干扰;在接收端,由于滤波器带宽较宽,使得邻近发射电台的发射信号很容易落在接收机通带内,造成严重的接收机减敏和接收机互调干扰。

(2)与定频通信系统相比,跳频通信系统同址干扰更严重的一个重要原因是跳频通信系统的性能有一个明显的临界值:跳频通信系统是否建立同步,直接决定了通信质量的好坏。跳频接收机的工作依靠同步,因此当同址干扰导致跳频同步信号丢失时,跳频通信系统的性能会产生一个突变,导致系统通信中断。

实验表明,一台 50 W 的 SINCGARS 跳频电台对同址电台的干扰电平达到 1 ~ 2 W(30 ~ 33 dBm),而典型接收机灵敏度为 −115 dBm,这就要求至少 145 dBm 的动态范围,通常无法满足。一个通信平台通常架设多部跳频电台,当处于发射状态的跳频电台数量增加时,其对同址接收机的干扰也不断增强。通过对装有 SINCGARS 电台的通信平台进行干扰测试,结果表明,SINCGARS 跳频电台在不采取同址干扰抑制措施的情况下,当同址干扰跳频电台数量增加到三部时,受干扰 SINCGARS 电台的有效通信距离约降低至原有距离的 10%,表明同址干扰对同平台工作的跳频通信系统性能影响特别严重。

空间受限跳频通信系统的同址干扰如果不能得到有效抑制,则在空间受限通信平台上根本无法同时架设和使用多部跳频电台。

1.2.2　跳频同址干扰抑制措施

跳频同址干扰抑制措施主要包括:频率管理、天线布局设计、跳频滤波器和自适应同址干扰抵消技术等。

1. 频率管理

频率管理是通过频率管理算法来合理规划工作频率,避开工作频率和组合频率对系统可能造成的干扰。在通信系统电磁兼容设计中,科学的频率管理能够在对通信设备不做任何改动的前提下,将系统内部各电台间的干扰降至最小,使接收机能够拒绝不需要的强干扰信号,并调整选择所需要的弱目标接收信号。

2. 天线布局设计

天线布局设计的主要目的在于增大天线间的隔离度,从而达到减小电台间干扰的目的。特别是车载、舰载和机载系统,空间比一般的系统狭小,天线相对更加密集,这就使天线的布局显得尤为重要。合理地布置各个电台天线的位置,从而使天线间满足一定的隔离度要求,这是减小同址干扰非常重要的方法。

3. 跳频滤波器

在发射机射频功放后和接收机低噪声放大器前加装跳频滤波器实现选择性滤波,是空间受限跳频通信系统中一种抑制同址干扰的重要方法,能够在很大程度上减少跳频电台间的同址干扰。

4. 自适应同址干扰抵消技术

在接收机前端加装自适应同址干扰抵消器,通过在发射天线上对发射机产生的干扰取样,将取样信号作为参考信号经自适应加权调整,使加权后的参考信号与接收天线处的同址干扰信号等幅、反相,然后经合并器使两个信道的信号相加,从而使干扰信号被对消,能够起到有效避免同址干扰的作用。

在通信中,由于以上方法各自具有局限性,采用以上单一技术有时并不能充分保证跳频接收机的接收效果。当频率资源紧张和同址干扰非常严重时,仅通过频率分配无法将跳频通信系统内的同址干扰降低至足够小。由于空间限制,在车载、机载和舰载通信平台等情况下,仅依靠增加天线隔离度显得不那么有效。在有用接收信号与同址干扰信号频率间隔较小时,跳频滤波器的作用就显得很小,甚至不起作用。自适应跳频同址干扰抵消技术在同址电台数量较多时,其结构过于复杂,必须配合共用天线等技术才能取得较好的干扰抵消效果。因此,空间受限跳频通信系统需要通过对频率管理、天线布局设计、跳频滤波和自适应干扰抵消等方面进行综合考虑,才能达到有效抑制跳频同址干扰的目的。

对于跳频通信系统的同址干扰,需要综合考虑跳频通信系统的特点和各种干扰抑制技术性能,才能使跳频通信系统达到最佳工作状态。

1.3 研究进展

对于定频通信系统同址干扰的研究始于 20 世纪 60 年代。20 世纪 80 年代后期开始,研究重点转移到跳频通信系统的同址干扰方面。20 世纪 90 年代末和 21 世纪,陆续攻克了诸多基础问题和技术难题,在跳频同址干扰分析模型、跳频滤波器和自适应跳频同址干扰抵消技术等方面均取得了丰硕的成果。

1.3.1 国外研究进展

1. 同址干扰的产生机理和分析工具

关于同址干扰分析模型的研究最早是由 ITT 研究院的电磁兼容分析中心发起的,该中心于 1970 年发布的 COSAM(co-site analysis model)同址干扰分析模型是最早的射频干扰分析软件之一。1978 年,COSAM 发展出两个新的分析模块——DECAL(design communication algorithm)和 PECAL(performance evaluation communication algorithm),但 COSAM 只适用于定频通信系统的同址干扰分析。ITT 研究院航天通信部于 1991 年开发了应用于跳频通信的同址干扰分析系统(cosite analysis model for frequency hopping radio system),该系统考虑阻塞干扰、发射机杂散干扰和互调干扰等同址干扰形式,综合传输损耗、天线增益和环境噪声等参数,能够同时分析两种以上跳频发射机产生的同址干扰;通过输入跳频电台及其天馈系统的基本参数,该系统可以分析和计算误码率、通信距离、收发天线间距和干扰电平等参数,为跳频电台的配置和布局设置提供参考意见。1999 年,为满足同址干扰的分析和工程应用,UNIsite 公司开发了射频分析软件——UNIstar。UNIstar 提供完整的天线布局设计和同址干扰分析,并可以选择和采用滤波器和放大器等器件,经过系统仿真输出图形化的结果。综合考虑互调干扰、谐波干扰、中频干扰、镜频干扰、接收机阻塞、天线覆盖区等因素,瑞典 AreotechTelub 公司开发的瑞谱(WRAP)频率规划管理软件能够对带有多部发射机和接收机的情况进行同址干扰的计算和分析,并能够处理跳频下同址干扰,其效果较好;输出数据可以为频率指配和天线布局提供有效的指导。2002 年,ITT 研究院开发的 ACAT(advanced cosite analysis tool)能够为车载、舰载和机载通信平台提供完整的同址干扰分析和预测,为天线布局设计提供完善的设计方案。同时期的其他同址干扰分析工具还有 Atlanta 公司于

1973 年开发的 SEMCA(shipboard electro magnetic compatibility analysis)电磁干扰分析工具、Litton 公司于 1972 年开发的 IPM(interference prediction model)干扰预测模型、堪萨斯大学电信和信息科学实验室于 1989 年研究的 COEDS(communications engineering design system)分析系统和 Mitre 公司于 1990 年提出的 CAPS(cosite analysis platform simulation program)分析程序。

2. 跳频通信系统的频率管理

超短波跳频通信的跳频带宽分为分频段跳频和全频段跳频两种。目前,针对跳频电台的同址干扰问题,在频率管理中,国外主要采取分频段跳频方法。表 1.1 为几种典型的超短波电台在同车工作采用分频段跳频时的指标。跳频带宽的大小与抗干扰性能直接相关,跳频带宽越宽,抗干扰能力越强,因此最好能实现全频段跳频。英国 Marconi 的 Scimitar-V 跳频电台采取有效的跳频同址干扰抑制措施,通过精心安排选择跳频频率表,采用同步跳频方式时理论上可以在 30 ~ 88 MHz 内实现 9 × 256 = 2 304(个)全频段跳频网。

表 1.1 超短波电台分频段跳频的指标

电台型号	生产厂家	工作频段与跳频方式	多台同车性能
RF-3090	美国 Harris	30 ~ 90 MHz 内划分 12 个分频段,每个分频段 5 MHz,分频段跳频	多部电台相隔 15 MHz(跨越三个分频段),天线相距 1.3 m,可以跳频工作
Jaguar-V	英国 Racal	30 ~ 88 MHz 内划分九个分频段,每个分频段 6.4 MHz,分频段跳频	在同一分频段内跳频,天线相距必须大于 100 m。在相邻分频段内跳频,天线相距必须大于 20 m。相隔一个分频段跳频,天线相距 2 m
PR4G	法国 Thomson-CSF	30 ~ 88 MHz 分频段跳频	装有减少同址干扰的跳频滤波器。天线相距大于 1.5 m,频率偏移 5% ~ 9%,几部电台可以安装在同一辆车内,不会产生相互干扰

空间受限跳频通信系统需要通过科学的频率管理才能有效降低相互间的干扰。综合频率间隔、电台间距、天线参数和灵敏度参数,A. P. Singh 分析了自动频率分配程序,研究了电磁干扰预测和分析的主要工作,提出了频率分配系统的模块、结构和工作流程。Audrey Dupont 系统研究了存在同址干扰的在线动态频率分配问题,但其考虑的约束条件仅限于频率间隔约束,因而对实际中存在多种同址干扰的通信系统不适用。从远址频率间隔约束、同址频率间隔约束、互调干扰约束和乱真响应约束四个方面,Derek H. Smith 详细分析了同址条件下的频率分配约束条件;根据一般约束和硬性约束的不同特点给定不同权系数,为存在同址干扰的定频通信系统频率分配问题提供了一个很好的理论分析方法。Jim N. J. Moon 对同步跳频 GSM 网络中频率分配问题进行了研究,但考虑的约束条件仍然只涉及频率间隔约束。

目前针对同址干扰中频率分配的理论研究较少,仅考虑频率间隔因素无法解决复杂的同址干扰问题。因此需要结合同址干扰和跳频通信的特点,系统进行空间受限跳频通信系统的频率分配才能有效解决复杂的跳频同址干扰问题。

3. 天线布局设计

天线布局设计的主要目的在于增大天线间的隔离度,从而达到减小电台之间干扰的目的。传统的天线布局设计方法主要包括低频近似技术、数值计算方法、射线光学法和曲面圆方法等,这些方法的特点是需要依靠设计人员的经验,因此随着天线数量的增加,单单依靠研究人员的经验已经不能满足复杂电磁环境的要求。另一种常用的天线布局方法是缩尺模型测试的方法,但是缩尺模型成本很高,且其天线布局的效果也不如近年来常用的基于智能优化方法的天线布局优化方法。近几年开始着重研究基于智能优化算法的天线布局优化算法,在建立一个准确的多天线系统数学模型的基础上,采用智能优化算法能够获得比较理想的天线布局优化结果。目前,针对天线布局优化问题的研究主要集中在车载、舰载和机载天线优化配置方面,主要具有以下几个问题。

(1)涉及的天线数量较少,通常仅考虑 2 ~ 3 副天线,因此研究的模型比较简单。

(2)天线布局设计通常安排在二维平面中进行,没有充分考虑和运用天线的水平隔离和垂直隔离方式。

(3)针对天线布局优化的约束条件没有充分考虑,导致在天线数量和约束条件增加时,原有天线数量较少时的布局优化方法不能取得理想的结果。

4. 跳频滤波器

在跳频滤波器方面,多篇文献分析了跳频滤波器在同址干扰抑制中的性能需求和作用,并通过实验证明采用跳频滤波器能够有效减小同址干扰对跳频通信的影响,达到增加通信距离的目的。Pole-Zero、K&L、Netcom 和 Sentel 等均有性能优良的跳频滤波器可用于跳频电台间同址干扰的抑制。跳频滤波器的一个典型例子是在 SINCGARS 系统同址干扰解决方案上的成功应用。采用 Cincinnati 电子公司设计的同址干扰跳频滤波器后,在两个干扰机的情况下作用尤其显著,可以将通信距离从无跳频滤波器时的 9 km 提高至 23 km,有效降低了同址干扰对跳频通信的影响。Michigan 大学研究的高 Q 值 MEMS 同址干扰滤波器,能够更有效地抑制同址干扰,但是,目前仅有用于定频通信系统的固定调谐 MEMS 同址干扰滤波器,未见有用于跳频通信系统的可调谐射频 MEMS 滤波器技术报道。

在不具备条件架设多部天线的跳频通信系统中,频谱管理变得更加复杂。有文献综合天线隔离和带通滤波的优点提出了宽带天线射频分配系统(radio frequency distribution system,RFDS),为系统解决该情况下的同址干扰问题提供了有效的方法,其原理如图 1.2 所示。RFDS 采用干扰分离抑制方法,综合使用梳状线性放大合路器(comb linear amplifier combiner,CLAC)和梳状限幅合路器(comb limiter combiner,CLIC),跳频同址干扰的抑制效果明显。在接收端,CLIC 能使多部接收机连接在一副接收天线上;而在发射端,CLAC 将多部发射机连接在一副发射天线上,能保证多部跳频电台同址工作。

所以,跳频滤波技术综合共用天线和有效的频率分配方法,一定程度上可明显减少跳频通信系统的同址干扰。

5. 自适应同址干扰抵消技术

1965 年,美国开始对定频通信系统同址干扰抵消技术进行研究,并于 1968 年研制出具有自动相位微调的开环干扰抵消系统,但由于开环抵消系统的固有缺陷,该系统未能投入使用。美国核公司于 1969 研制出闭环有源干扰抵消系统,到 1978 年该项技术基本成熟,分别用于短波、超短波和微波等各个领域。此后,Computing Devices Canada Ltd、Xetron Corporation、Chelton Corporation 和 GTE Laboratories Incorporated System Technology Laboratory 等单位在此方面均进行了深入研究,开发了一批相关的自适应定频通信同址干扰抵消器,抵消性能通常在 40 ～ 60 dB。

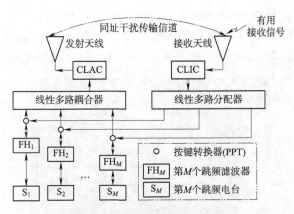

图 1.2　射频分配系统原理框图

由于跳频同址干扰的宽带特性和同址干扰传输信道的频率选择性衰落特性,对自适应宽带跳频同址干扰抵消提出了更高的要求,导致传统的模拟单抽头自适应定频通信同址干扰抵消器不能直接应用。从 20 世纪 90 年代开始,国外开始跳频同址干扰抵消方面的研究。

Anthony M. Kowalski 根据跳频周期的特点,提出导频辅助自适应宽带跳频同址干扰抵消方法。通过在跳频发射机的无输出功率期间发射导频,对干扰抵消器中的幅频倾斜均衡器和时延单元进行训练;待干扰抵消器收敛至稳定状态后,固定幅频倾斜均衡器和时延单元的参数,然后发射跳频信号即可完成跳频同址干扰抵消。解决了频率选择性衰落信道中的自适应宽带跳频同址干扰抵消问题。该方法的主要优点是可以在模拟方式下实现单抽头自适应宽带跳频同址干扰抵消,但是,由于该方法对信道的衰落特性仅采取粗略估计,且无法解决跳频信号载频落在频率选择性衰落凹口(凸点)附近时干扰抵消性能下降的问题,因而性能受到限制。

Benjamin D. Maxson 对频率选择性衰落信道下的自适应同址干扰抵消提出了基于 FIR 数字滤波器的"抽头比较替代法"。对于 1 024 阶以及更长阶数的滤波器,设定有效抽头数为抽头总数的 20%,逐次仿真保留权值大(作用大)的抽头、删除权值小(作用小)的抽头,直到多径干扰信号被有效抵消即到达稳态,停止训练。该方法能够减少一定计算量,但是前提是将抵消器的阶数做到 512 阶甚至 1 024 阶,其不仅存在收敛速度的问题,而且对射频信号的采样速率提出了过高要求(需要达到几十个吉赫)。同时,该方法不适用于信道变化较快的情况。

目前,已有部分采用模拟方式实现的自适应跳频同址干扰抵消器问世。

Ball Aerospace 公司开发的 VHF(30 ～ 88 MHz)频段同址干扰抵消单元(VHF cosite unit, VCU)如图 1.3 所示,其基本原理如图 1.4 所示。VCU 适用于 SINCGARS 电台和 PSC-5 SINCGARS 电台,可以同时满足四部 SINCGARS 电台的跳频同址干扰抵消,两个 VCU 单元并联使用可以抵消八个通道的跳频同址干扰。

Zeger-Abrams 公司的跳频电台自适应同址干扰抵消器(frequency hopping adaptive interference canceller,HAIC)如图 1.5 所示,其工作频段为 30 ～ 400 MHz。HAIC 与 AN/ARC-210、AN/ARC-222 和 RT-1523 兼容,可以在 E2C Hawkeye 和 EA-6B 平台上应用,抵消性能可

达 50 dB,使 VHF 和 UHF 跳频收发信机同时工作成为可能。Zeger-Abrams 公司进一步开发的宽带射频同址干扰抵消器(cancellation of wideband cosite RFI, WBCAN)如图 1.6 所示。WBCAN 增强了存在时延差和多径的宽带射频同址干扰抵消性能,适用于 SHF、UHF 和 VHF 频段。在 5 MHz 带宽和 20 ns 时延分辨率的条件下,WBCAN 抵消性能可以达到 30 dB。

图 1.3　同址干扰抵消单元

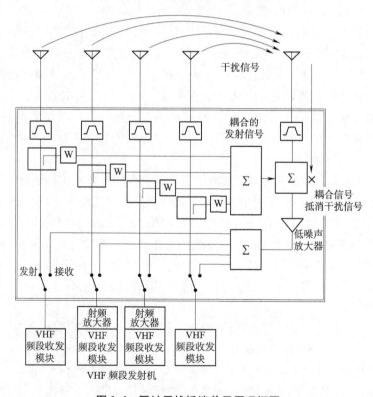

图 1.4　同址干扰抵消单元原理框图

国外针对自适应宽带同址干扰抵消方面进行了系统的研究,并已出现了基于模拟方式实现的自适应宽带跳频同址干扰抵消器,但其较大的信道估计误差导致干扰抵消性能受限,同时也不能适用于信道变化快和跳频速率高的情况。

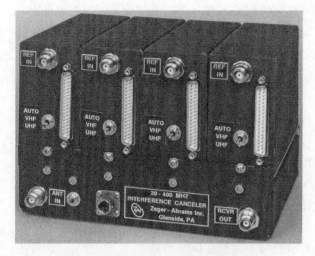

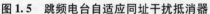

图 1.5　跳频电台自适应同址干扰抵消器　　　　　　图 1.6　宽带射频同址干扰抵消器

基于数字滤波器的自适应宽带跳频同址干扰抵消方面,国外也有初步研究,研究结果表明采用数字方式可以有效提高跳频同址干扰抵消性能,但是还需要对何降低干扰抵消器阶数、增强干扰抵消器稳定性和提高抵消性能做进一步研究。

1.3.2　国内研究进展

国内针对跳频电台的同址干扰主要采用分频段跳频和增大天线隔离度的方法预防同址干扰的产生。

1. 同址干扰的产生机理和分析模型

在同址干扰的产生机理和频率管理方面,国内的研究主要在于定频电台方面。通信指挥学院周铁仿博士对电台车的定频同址干扰进行了研究。分析和仿真结果表明,只要同址电台保持一定的天线间距和频率间距就能够有效地避免相互间的同址干扰。

2. 频率管理

国内在频率分配方面的研究多集中于移动通信中的频率分配问题,所考虑的约束条件通常为频率间隔约束。武汉大学甘良才教授对短波跳频专用网和上海交通大学蒋铃鸽教授对慢跳频网络的频率分配研究考虑了频率间隔约束,但其所建立的模型较为简单,对复杂电磁环境下跳频通信系统的频率分配没有明显的参考意义。实际使用中主要采用分频段跳频方式减少跳频通信系统的同址干扰。

3. 天线布局设计

西安电子科技大学有多篇文献研究了多台同车时天线耦合问题,并在此基础上讨论了同址环境中的电磁兼容问题。西安电子科技大学的邱扬教授对天线布局优化进行了深入研究,并提出了基于遗传算法的车载(机载)平台的天线布局优化方法,解决相关平台的多天线电磁兼容问题。其研究主要基于二维平面的少量天线(2~3 副),以获得系统最大隔离度为目标。

4. 跳频滤波器

中国电子科技集团有限公司第十三研究所、第二十六研究所、第五十四研究所等均对相关的跳频滤波器进行了研究和开发,分析和研究跳频滤波器设计方法的文献较多,主要是应用于接收机功放前的小功率预选跳频滤波器。第五十四研究所研制的 V/UHF 大功率开关滤波器组适用于发射功率不大于 150 W 的宽频带发射机,为定频短波、超短波电台的同址干扰抑制提供了较好的支持。专门应用于同址干扰抑制的发射机射频前端大功率跳频滤波器也已取得一定进展。

5. 自适应同址干扰抵消技术

西安电子科技大学、解放军理工大学通信工程学院、空军工程大学电讯工程学院和中国电子科技集团有限公司第二十八研究所等单位开展了相应的研究工作,并取得了一些研究成果,其研究主要集中于定频电台的同址干扰抵消。1986 年,西安电子科技大学研制成功我国第一台短波波段的干扰抵消器。杜武林教授在 HF 频段完成干扰抵消样机,1995 年研制出双通道 HF 频段干扰抵消器。2000 年以后,对数字方式实现的 VHF 波段 30～90 MHz 宽带大功率自适应干扰抵消系统,西安电子科技大学进行了实验室指标测试。

随着地空跳频通信电台的广泛使用,研究相关的跳频同址干扰分析、抑制技术和组网优化方法具有重要的理论意义和应用价值。

1.4　本书主要内容及结构

着眼于提高跳频通信系统的性能,本书以空间受限地空跳频通信系统同址干扰分析及抑制技术为研究对象,通过对发射机基波干扰、杂散干扰和互调干扰等三种主要跳频同址干扰形式的理论分析,建立跳频同址干扰分析模型,介绍跳频通信系统的安全组网优化方法和自适应宽带跳频同址干扰抵消方法。跳频通信系统同址干扰分析和抑制流程如图 1.7 所示。

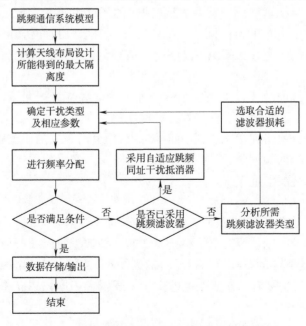

图 1.7　跳频通信系统同址干扰分析和抑制流程

本书章节内容安排如下：

第 1 章为概述部分，简要介绍空间受限跳频通信系统同址干扰的概念、原理、现状及主要的跳频同址干扰抑制技术，阐述研究跳频同址干扰分析和干扰抑制技术的重要意义和研究进展。

第 2 章分析空间受限地空跳频通信系统同址干扰的三种基本形式（发射机基波干扰、杂散干扰）和互调干扰的基本原理及其干扰判断方法，建立跳频同址干扰分析模型，为系统研究跳频通信系统安全组网中的频率分配问题和跳频同址干扰抑制技术提供参考。

第 3 章介绍空间受限跳频通信系统安全组网的优化方法，从天线布局优化、跳频频率设置两个方面分别建立数学模型，基于遗传算法、模拟退火算法等实现具体的计算方法并进行实验仿真。

第 4 章介绍空间受限跳频通信平台同址干扰抑制的射频分配技术，详细分析射频系统的天线隔离、带通滤波和射频限幅三种同址干扰抑制技术，结合地空跳频通信系统特点研究其具体应用方法。

第 5 章分析跳频同址干扰的宽带特性和同址干扰传输信道的频率选择性衰落特性，研究模拟方式实现的导频辅助自适应宽带跳频同址干扰抵消方法，详细介绍一种改进的信道估计方法，并通过实验仿真验证其自适应干扰抵消性能。

第 6 章系统介绍基于数字滤波器的自适应宽带跳频同址干扰抵消方法，针对自适应跳频同址干扰抵消要求收敛速度快的特点，运用一种改进的 LMS/F 组合算法和 Laguerre 滤波器实现自适应宽带跳频同址干扰抵消，并讨论推导基于共用接收天线的多参考输入自适应同址抵消系统结构。

▍小结

本章介绍了跳频通信干扰的概念和研究背景，分析了同址干扰的类型和特点，介绍了同址干扰分析工具和跳频频率管理、天线布局设计、跳频滤波器、自适应干扰抵消技术等跳频同址干扰抑制技术；在分析研究进展的基础上，确定了本书的研究重点和章节内容安排。

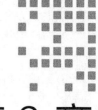

第 2 章
空间受限跳频通信系统
同址干扰分析模型

　　空间受限地空跳频通信系统同址干扰的主要形式包括发射机基波干扰、杂散干扰和互调干扰,通过研究跳频同址干扰的产生机理可以推导得到其分析模型。本章以地空跳频通信系统为例对同址干扰进行计算和分析,从理论上确定影响正常通信的同址干扰类型和相应参数。

▌ 2.1　空间受限跳频通信系统同址干扰的基本原理与分析模型

2.1.1　同址干扰基本模型

　　同一跳频通信平台两部电台的发射机和接收机之间产生的同址干扰如图 2.1 所示(互调干扰需要发生在多部电台之间)。

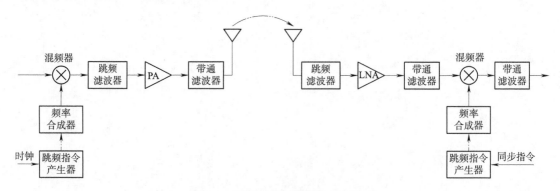

图 2.1　跳频同址干扰基本分析模型

　　产生同址干扰的主要射频器件包括发射机的功率放大器(power amplifier,PA)和被干扰接收机的低噪声放大器(low noise amplifier，LNA)、混频器。跳频电台发射机、接收机的射频滤波器性能和天线隔离度是影响同址干扰程度的重要因素。地空跳频通信电台采用高中频方式,能够有效抑制镜像干扰和乱真响应;发射机射频带通滤波器可以有效抑制谐波辐射。因此,空间受限地空跳频通信系统主要的同址干扰形式为发射机基波干扰、杂散干扰和互调干扰三种。

2.1.2　发射机基波干扰

发射机基波干扰是指由于发射机和邻近接收机的收发电平相差很大,而发射机天线与接收机的天线隔离度有限。因此,尽管收发信号的频率不同,但发射机发射的强功率信号仍然会在接收机的输入端产生很强的干扰电平。如果发射机基波信号引起的干扰电平超过被干扰接收机动态范围,则导致接收机阻塞、通信中断。

1. 发射机基波干扰引起的干扰电平计算

为判断发射机基波信号是否会对同址接收机产生干扰,需要计算同址发射机基波信号在本地被干扰接收机入口的干扰电平 IM。发射机基波信号引起的干扰电平的计算模型如图 2.2 所示。

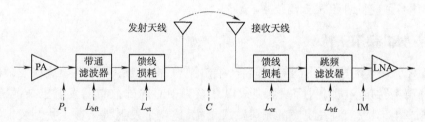

图 2.2　发射机基波干扰分析模型

被干扰接收机 LNA 输入端由发射机基波信号引起的干扰电平 IM 为

$$\mathrm{IM} = P_\mathrm{t} - L_\mathrm{bft} - L_\mathrm{ct} - C - L_\mathrm{cr} - L_\mathrm{bfr} - L_\mathrm{l} \tag{2.1}$$

式中　P_t——同址发射机的发射功率,dBm;

$\quad L_\mathrm{bft}$——发射机带通滤波器对发射信号的损耗,dB;

$\quad L_\mathrm{ct}$——发射端馈线损耗,dB;

$\quad C$——天线隔离度,dB;

$\quad L_\mathrm{cr}$——接收端馈线损耗,dB;

$\quad L_\mathrm{bfr}$——接收机带通滤波器对发射机基波干扰信号的损耗,dB;

$\quad L_\mathrm{l}$——天线连接器与合并器等损耗,dB。

式(2.1)表明基波干扰电平主要由参数 P_t、L_bft、L_ct、C、L_cr、L_bfr 和 L_l 决定。如果干扰信号频率与接收信号频率间隔较小、在接收机带通滤波器带内,则滤波器对干扰信号损耗较小,容易产生发射机基波干扰。如果干扰信号频率与接收信号频率间隔较大、在接收机射频带通滤波器带外,则滤波器会对干扰信号产生很大的衰减,能够有效降低基波信号引起的干扰电平,避免接收机阻塞的产生。

2. 阻塞干扰判断方法

得到发射机基波干扰信号引起的干扰电平 IM 后,即可进行接收机阻塞的判断。

令

$$\text{IM}_\text{B} = \text{IM} - (P_\text{e} + P_\text{s}) \tag{2.2}$$

式中　P_e——接收机灵敏度,dBm;

　　　P_s——接收机动态范围,dB。

发射机基波干扰是否形成接收机阻塞按如下标准进行判断:

如果 $\text{IM}_\text{B} > 0$,产生接收机阻塞,通信中断;

如果 $\text{IM}_\text{B} = 0$,临界状态;

如果 $\text{IM}_\text{B} < 0$,不存在接收机阻塞。

当发射机基波干扰没有导致接收机阻塞时,需要进一步判断发射机杂散干扰是否引起接收机减敏。

3. 发射机基波干扰的抑制方法

发射机基波干扰的抑制方法主要包括:

(1)增加同址发射机和接收机之间的天线隔离度;

(2)增加同址发射机和接收机的频率间隔;

(3)在接收机采用射频限幅器对大功率发射机基波干扰信号进行硬限幅;

(4)采用自适应同址干扰抵消技术。

2.1.3　发射机杂散干扰

由于晶体管一类的所有固态器件都会产生热噪声、散粒噪声,结果导致在发射机各个固态级中的噪声经射频载波调制后就会变成以载频为中心向外散布的发射机杂散辐射,不仅在相邻信道产生干扰,而且在更宽的频段造成干扰,这就是发射机杂散干扰。发射机杂散干扰使得干扰源的带外信号以噪声的形式出现在相邻频段内,从而抬高了被干扰接收机的噪声基底,导致接收机灵敏度降低。

1. 发射机杂散干扰引起的干扰电平计算

发射机杂散辐射在同址被干扰接收机引起的干扰电平计算模型如图 2.3 所示。

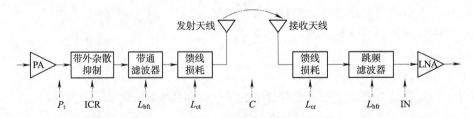

图 2.3　发射机杂散干扰计算模型

由图 2.3 得到同址被干扰接收机 LNA 输入端的杂散干扰电平 IN(单位:dBm)为

$$\text{IN} = P_\text{t} - \text{ICR} - L_\text{bft} - L_\text{ct} - C - L_\text{cr} - L_\text{bfr} - L_\text{l} \tag{2.3}$$

式中　ICR——发射机带外杂散抑制比,dB;

　　　其余各参数的定义与式(2.1)一致。

发射机带外杂散抑制比 ICR 与频率间隔 $\Delta f(\Delta f = |f_\text{t} - f_\text{r}|)$ 相关,超短波地空跳频通信电台发射机带外杂散抑制比的拟合曲线如图 2.4 所示。

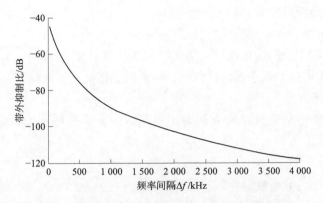

图 2.4　超短波地空跳频通信发射机带外杂散抑制比

由式(2.3)可以计算出单个干扰落在被干扰接收机入端的干扰电平 IN,若空间受限跳频通信系统存在 N 个产生同址干扰的发射机,则落在被干扰接收机入端的杂散干扰总电平 $\mathrm{IN_{all}}$ 为

$$\mathrm{IN_{all}} = 10\lg\left(\sum_{i=1}^{N} 10^{\frac{\mathrm{IN}_i}{10}}\right) \tag{2.4}$$

2. 接收机减敏的判断方法

计算得到杂散干扰门限电平 $\mathrm{IN_{all}}$ 后即可进行接收机减敏的判断。

令

$$\mathrm{IN_B} = \mathrm{IN_{all}} - (P_e - \mathrm{SNR}) \tag{2.5}$$

式中　P_e——接收机灵敏度,dBm;

　　　SNR——系统要求的接收机最小输入信噪比,dB。

发射机杂散干扰是否引起接收机减敏按如下标准进行判断:

如果 $\mathrm{IN_B} > 0$,产生接收机减敏;

如果 $\mathrm{IN_B} = 0$,临界状态;

如果 $\mathrm{IN_B} < 0$,不存在接收机减敏。

3. 发射机杂散干扰的抑制方法

发射机杂散干扰的抑制方法主要包括:

(1)增加同址发射机和接收机之间的天线隔离度;

(2)增加同址发射机和接收机的频率间隔;

(3)改善接收机的选择性;

(4)在发射机的输出端加装滤波器,降低杂散辐射;

(5)采用自适应宽带同址干扰抵消技术。

2.1.4　互调干扰

当多个不同频率的信号加到非线性器件上时,非线性变换将产生许多三、四、五以及更高阶的组合频率信号,其中一部分频率可能正好落入某个接收机的工作频率带内,成为对有用信号的干扰,即产生互调干扰。

产生互调干扰必须同时满足下述三个条件：

(1)输入信号的组合频率落到接收机通带内；

(2)输入信号功率足够大，由此产生幅度较大的互调干扰成分；

(3)所有干扰发射机和被干扰的接收机必须同时工作。

1. 互调干扰机理

电路的非线性特性是造成互调干扰的根本原因。非线性器件的转移特性用幂级数表示，即

$$y = a_0 + a_1 x + a_2 x^2 + a_3 x^3 + \cdots \tag{2.6}$$

式中，$a_0, a_1, a_2, a_3, \cdots$ 为非线性器件的特性系数。

当输入信号多于一个时，由于非线性作用，使它们彼此之间产生相互调制而在输出信号中增生了原来输入信号所没有的不需要的频率组合，即互调干扰。

1)两个信号产生的互调干扰

假设 $x = A + B$，$A = U_a \cos \omega_a t$，$B = U_b \cos \omega_b t$。

将它们代入式(2.6)中可得

$$y = a_0 + a_1(A + B) + a_2(A + B)^2 + a_3(A + B)^3 + \cdots + a_n(A + B)^n + \cdots \tag{2.7}$$

式中，a_0 项为直流；a_1 项为基波分量；a_2 项为二次分量；a_3 项为三次分量，a_n 为 n 次分量。下面将三次分量项展开：

$$a_3(A^3 + 3A^2 B + 3AB^2 + B^3) = a_3 A^3 + 3a_3 A^2 B + 3a_3 AB^2 + a_3 B^3 \tag{2.8}$$

式(2.8)中第二项与第三项为产生三阶互调的两项。将 $A = U_a \cos \omega_a t$ 和 $B = U_b \cos \omega_b t$ 代入式(2.8)中，并利用三角函数展开整理，则可得三阶互调干扰的电流分量为

$$i_{a_{31}} = \frac{3}{4} a_3 U_a^2 U_b \cos(2\omega_a - \omega_b)t \tag{2.9}$$

$$i_{a_{32}} = \frac{3}{4} a_3 U_a U_b^2 \cos(2\omega_b - \omega_a)t \tag{2.10}$$

三阶互调信号的幅度与非线性器件的特性系数 a_3 成正比，说明它是由非线性器件的三次幂项产生的；三阶互调信号的幅度还与干扰信号的幅度有关，当各干扰信号的幅度相等时，三阶互调信号幅度与干扰信号幅度的 3 次方成比例。

假定有用信号为 $S = U_s \cos \omega_s t$，当满足 $2\omega_a - \omega_b \approx \omega_s$ 或 $2\omega_b - \omega_a \approx \omega_s$ 时形成互调干扰，这时换算到输入端的互调干扰和有用信号之比称为互调产物比 IMP(inter-modulation product)。

$$\text{IMP} = \frac{3}{4} \cdot \frac{a_3}{a_1} \cdot \frac{U_a^2 U_b}{U_s} \left(\text{或} \frac{3}{4} \cdot \frac{a_3}{a_1} \cdot \frac{U_a U_b^2}{U_s} \right) \tag{2.11}$$

若以 dB 表示则为

$$\text{IMP} = 2U_a + U_b + K \tag{2.12}$$

式中，K(单位:dB)为与器件非线性相关的量，即

$$K = 20\lg\left(\frac{3}{4} \cdot \frac{a_3}{a_1 U_s} \right) \tag{2.13}$$

由式(2.12)可知，若 U_a 增加 5 dB，则 IMP 将增加 10 dB，而 U_b 增加 5 dB，则 IMP 仅增加 5 dB；在 $2B - A$ 情况时，则信号 B 使 IMP 成倍增加。

同理,在五阶失真项中,会出现 $3\omega_s - 2\omega_b$ 和 $3\omega_b - 2\omega_a$ 项,当 ω_a 和 ω_b 都接近于 ω_s 时,这两项也很容易满足接近 ω_s,形成五阶互调干扰。

$$i_{a51} = \frac{10}{16}a_5 U_a^3 U_b^2 \cos(3\omega_a - 2\omega_b)t \tag{2.14}$$

$$i_{a52} = \frac{10}{16}a_5 U_a^2 U_b^3 \cos(3\omega_b - 2\omega_a)t \tag{2.15}$$

非线性失真的 n 次项会产生 n 阶组合干扰。但随着阶数的增加,互调系数显著减小(a_7 及以上的系数非常小),因而器组合频率分量也明显减小,故五阶以上的互调干扰的影响通常可以忽略。

2)三个信号产生的互调干扰

假设 $x = A + B + C$,$A = U_a\cos\omega_a t$,$B = U_b\cos\omega_b t$,$C = U_c\cos\omega_c t$。

当三个信号 A、B 和 C 同时输入到式(2.6)的非线性电路,从三次方项展开式中取出 $2A - B$(或 $2B - A$、$2A - C$ 等项)及 $A + B - C$(或 $A - B + C$、$B + C - A$)项则有

$$\begin{cases} 2A-B\ 型:\dfrac{3}{4}a_3 U_a^2 U_b\cos(2\omega_a - \omega_b)t \\ A+B-C\ 型:\dfrac{3}{2}a_3 U_a U_b U_c\cos(\omega_a + \omega_b - \omega_c)t \end{cases} \tag{2.16}$$

同理,当 $\omega_a + \omega_b - \omega_c$ 信号频率 ω_s 相近时就会产生干扰。

在式(2.16)中,$2A - B$ 型互调分量有六个组合,称为二信号三阶互调或Ⅲ-Ⅰ型;而 $A + B - C$ 型的三个组合称为三信号三阶互调或Ⅲ-Ⅱ型。类似对二信号的分析,可得出三信号二阶互调产物比为

$$IMP = \frac{3}{2}\cdot\frac{a_3}{a_1}\cdot\frac{U_a U_b U_c}{U_s} \tag{2.17}$$

比较式(2.11)和式(2.17)可以看出,若输入信号强度相等,则Ⅲ-Ⅱ型 IMP 的幅度要Ⅲ-Ⅰ型的大一倍,相当于互调功率要高 6 dB,这说明多信号时对互调要求更严格。三阶项引起的增生频率并不仅有Ⅲ-Ⅰ型和Ⅲ-Ⅱ型,如 $3A$、$3B$、$A + B + C$、$A + 2B$ 和 $2A + B$ 等也是三次非线性产生的。但是因为它们离开有用频率较远,容易被滤掉,仅有落在有用信号附近的Ⅲ-Ⅰ型和Ⅲ-Ⅱ型互调产物才造成有害的影响。

同理,在五阶失真项中,会出现 $3\omega_a - 2\omega_b$、$3\omega_b - 2\omega_a$、$3\omega_b - 2\omega_c$、$3\omega_c - 2\omega_b$、$3\omega_c - 2\omega_a$、$3\omega_a - 2\omega_c$、$2\omega_a + \omega_b - 2\omega_c$、$2\omega_c + \omega_b - 2\omega_a$、$2\omega_b + \omega_c - 2\omega_a$、$2\omega_a + \omega_c - 2\omega_b$、$2\omega_c + \omega_a - 2\omega_b$、$2\omega_b + \omega_a - 2\omega_c$、$3\omega_a - \omega_b - \omega_c$、$3\omega_b - \omega_c - \omega_a$、$3\omega_c - \omega_a - \omega_b$ 等15项。当 ω_a、ω_b 和 ω_c 都接近于 ω_s 时,这15项也很容易满足接近 ω_s,形成5阶互调干扰。

$$\begin{cases} 3A-2B\ 型:\dfrac{10}{16}a_5 U_a^3 U_b^2\cos(3\omega_a - 2\omega_b)t \\ 2A-2B+C\ 型:\dfrac{30}{16}a_5 U_a^2 U_b^2 U_c\cos(2\omega_a - 2\omega_b + \omega_c)t \\ 3A-B-C\ 型:\dfrac{20}{16}a_5 U_a^3 U_b U_c\cos(3\omega_a - \omega_b - \omega_c)t \end{cases} \tag{2.18}$$

四个及以上信号产生互调干扰的概率较小,因而不是讨论的主要内容。

2. 互调干扰类型及干扰判定

互调干扰可分为三类:接收机互调干扰、发射机互调干扰和外部效应产生的无源互调干扰。

1)接收机互调干扰

接收机的天线和射频级一般是宽频带的,因此会导致大量的偏置信道频率进入接收机。在这种情况下,当两个或者多个输入信号同时加入接收机前端的非线性器件:LNA和混频器(由于混频器产生互调干扰的分析方法及衡量标准都和LNA放大器类似,所以本书仅对LNA进行分析),就会产生互调分量。当其中某些互调产物落在中频频率上时,就会被接收机检波,产生干扰,极大影响接收机的射频选择性,形成接收机互调干扰,如图2.5所示。

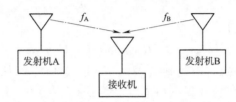

图 2.5　接收机互调干扰示意图

接收机互调干扰包括以下两种形式:

$$|mf_a \pm nf_b| \approx f_I \tag{2.19}$$

$$|mf_a \pm nf_b - kf_r| \leqslant B_I/2 \tag{2.20}$$

式中, f_a、f_b 为外来信号; f_I 为中频频率; f_r 为接收机工作频率; B_I 为中频滤波器带宽; m、n 和 k 为谐波次数的任意整数(包含0)。

同时,二、三阶次的互调产物满足下列关系才能成为潜在的互调干扰:

$$|f_n \pm f_f - f_r| \leqslant B_I/2 \tag{2.21}$$

$$|2f_n - f_f - f_r| \leqslant B_I/2 \tag{2.22}$$

式中, f_n 表示与 f_r 间隔较近的频率; f_f 表示与 f_r 间隔较远的频率。

在实际中通常采用下面的经验公式来计算接收机互调干扰等效电平:

$$P_{IM} = -93 + 2P_n + P_f - 60\lg \Delta f \tag{2.23}$$

式中, P_{IM} 为等效输入端互调分量的电平; P_n 为邻近有用信号(f_r)的干扰功率电平; P_f 为远离有用信号的干扰功率电平, Δf 为邻近有用信号的干扰信号频率 f_n 与接收机工作频率 f_r 频率差归一于 f_r 的百分比。

$$\Delta f = \left| \frac{f_n - f_r}{f_r} \right| \times 100\% \tag{2.24}$$

由此,接收机互调干扰可按照以下标准判断:

如果 $P_{IM} - (P_e - SNR) > 0$,产生接收机互调干扰;

如果 $P_{IM} - (P_e - SNR) = 0$,临界状态;

如果 $P_{IM} - (P_e - SNR) \leqslant 0$,不产生接收机互调干扰。

接收机互调干扰中,由有用接收信号和干扰信号的组合引起的互调干扰称为接收机交调干扰,所以接收机交调干扰是接收机互调干扰的一种特例,在本书中不作区分,统称为接收机互调干扰。

跳频通信系统接收机互调干扰的抑制方法主要包括:

（1）提高射频电路的选择性，增强对输入干扰信号的抑制能力；

（2）增加同址发射机和接收机之间的天线隔离度；

（3）采用平方律特性器件，可以避免出现三次项或者三次项的幅度很小；

（4）增大射放的线性范围，合理选择混频级的工作状态；

（5）进行科学的频率管理，减少互调频率组合的产生。

2）发射机互调干扰

发射机互调干扰的信号路径要比接收机互调干扰的信号路径复杂，如图 2.6 所示。在有效的作用距离之内，信号必须从发射机 B 出来，进入发射机 A 的天线系统，在发射机 A 的末级功率放大器非线性作用下与发射机 A 的信号相互调制，产生不需要的互调信号再回到发射机 A 的天线系统随同有用信号一起发射出去，对接收信号频率与这些组合频率相同的接收机造成干扰，形成发射机互调干扰。

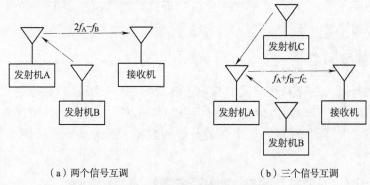

（a）两个信号互调　　　　　　　　（b）三个信号互调

图 2.6　发射机互调干扰示意图

发射机互调干扰现象没有接收机互调那样普遍，通常在同址发射机数量较多时才需要考虑。但是，地空跳频通信系统通常同址架设 4 ~ 8 部跳频电台，而且跳频电台的频点多，因此地空跳频通信系统的发射机互调干扰不可忽略。

当发射机互调干扰频率 f_{t_imp} 与接收机频率 f_r 相同时，即

$$f_{t\_imp} = f_r \tag{2.25}$$

假定发射机互调分量发射功率为 P_{t_imp}，则在接收机形成的干扰功率 P_{r_imp}（单位：dBm）为

$$P_{r\_imp} = P_{t\_imp} - L_{bft} - L_{ct} - C - L_{cr} - L_{bfr} - L_l \tag{2.26}$$

式中各参数的定义与式（2.1）一致。

发射机互调分量是否对同频率的接收信号形成干扰按以下方法判定：

如果 $P_{r\_mpt} - (P_e - SNR) > 0$，形成发射机互调干扰；

如果 $P_{r\_mpt} - (P_e - SNR) = 0$，临界状态；

如果 $P_{r\_mpt} - (P_e - SNR) \leqslant 0$，不存在发射机互调干扰。

跳频通信系统发射机互调干扰的抑制方法主要包括：

（1）采用发射机大功率跳频滤波器；

（2）增加同址发射机和接收机之间的天线隔离度；

（3）采用平方律特性器件，可以避免出现三次项或者三次项的幅度很小；

（4）增大射频功放的线性范围，合理选择混频的工作状态；

（5）进行科学的频率管理,减少互调频率组合的产生;

（6）在共用天线系统中,各发射机与天线之间插入单向隔离器。

3）外部效应产生的无源互调干扰

外部效应产生的无源互调干扰是由于天线、馈线、高频滤波器接触不良或不同金属相接触等非线性因素造成的相互调制产生的,一般称为外部互调干扰。由于外部互调干扰的预测和计算复杂,且只要在生产中注重质量、在使用中加强维护管理,外部互调干扰是可以避免的,因此本书对外部互调不做详细讨论。

2.2　地空跳频通信系统参数模型

同址通信环境中,辐射信号的发射机数量、密度、工作频率和天线布局一定程度上决定了同址干扰的程度。因而,对同址干扰的分析和干扰抑制的研究都需要得到无线电台设备参数和站址参数的完整信息。

2.2.1　系统参数模型

空间受限跳频通信系统同址干扰的参数主要分为四类:系统参数、发射机参数、接收机参数和天馈系统参数。在参阅大量文献的基础上,本书以同一通信平台架设 4～8 部超短波地空跳频通信电台为算例,进行同址干扰的分析和判定。超短波地空跳频通信系统的性能参数见表 2.1。

表 2.1　典型超短波地空跳频通信系统参数模型

参数类型	名　称		参　数　值
系统参数	频率范围		108～175 MHz、225～400 MHz
	信道间隔		25 kHz
	通信距离		350 km
	调制方式		BPSK
	基带速率		16 kbit/s
	跳频速率		1 000 跳/s
	换频时间		跳频周期的 10%
	背景噪声(热噪声)功率		−170 dBm/Hz
发射机参数	发射功率		60 W(47.8 dBm)
接收机参数	最小信噪比		10 dB
	接收机灵敏度		−120 dBm
	接收机动态范围		120 dB
	接收机噪声系数		10 dB
	电调谐带通滤波器	插入损耗	3 dB
		3 dB 带宽	中心频率的 3%
		30 dB 带宽	中心频率的 6%

续表

参数类型	名　　称	参 数 值
天馈系统参数	宽频段全向天线增益	2 dB
	连接器与合并器等损耗	1 dB
	射频馈线长度	30 m

2.2.2　V/UHF 频段同址射频链路传输损耗模型

通信系统同址干扰的分析和计算需要充分考虑射频链路的传输损耗。同址干扰中射频链路的传输损耗如图 2.7 所示,主要包括发射机射频电缆损耗 L_{ct}、发射天线增益 G_t、无线路径传输损耗 L_{free}、接收天线增益 G_r 和接收机射频电缆损耗 L_{cr}。其中,G_t、L_{free} 和 G_r 的综合作用效果称为天线隔离度 C。

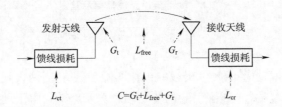

图 2.7　同址射频传输损耗模型

1. 天线隔离度

天线隔离度是判断天线间干扰程度的重要参数,隔离度的计算和天线的近远场区的划分具有紧密的联系。同址时,收发天线相距很近,由于近场和远场的特性相差很大,因此,这时的天线隔离度不能认为是自由空间传播损耗和收发天线增益的简单叠加,天线隔离度计算需要体现空间传播距离和天线方向性增益的综合效果。频率源频谱通常是宽带的,远近场的衡量距离必须以干扰频谱中最低的频率(波长最长)为依据来计算。

根据天线近远场区划分标准,工程上为精确起见,近场区和远场区定义为:

$$远场区:d \geq 10\lambda/2\pi \qquad 近场区:d \leq 0.1\lambda/2\pi$$

在电磁兼容手册上,近场区和远场区粗略地划分为

$$远场区:d \geq \lambda/2\pi \qquad 近场区:d < \lambda/2\pi$$

超短波地空通信频段的典型频率对应的远近场区划分数值见表 2.2。

表 2.2　V/UHF 频段典型频率的远近场区划分数值

频率/MHz	λ/m	$\dfrac{10\lambda}{2\pi}$/m	$\dfrac{0.1\lambda}{2\pi}$/m	$\dfrac{\lambda}{2\pi}$/m
108	2.778	4.422	0.044 22	0.442 2
400	0.75	1.194	0.011 94	0.119 4

表 2.2 表明,只要使天线间距不小于 4.422 m 就能够确保天线耦合的远场特性,此时的天线隔离度可以按照远场区进行分析和计算。综合收发天线的增益,满足远场条件的天线隔离度 C 计算如下:

$$C = -27.6 + 20\lg f + 20\lg d + \sin^2\theta(-40 + 20\lg f + 20\lg d) \tag{2.27}$$

式中　f——工作频率,MHz;

　　　d——两天线间距离,m;

　　　θ——两天线相对位置的垂直角,(°)。

两天线相对位置的垂直角 θ 如图 2.8 所示,按式(2.28)和式(2.29)计算。

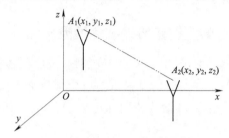

图 2.8　同址架设天线坐标示意图

$$d = \sqrt{(x_2 - x_1)^2 + (y_2 - y_1)^2 + (z_2 - z_1)^2} \tag{2.28}$$

$$\theta = \arcsin[(z_2 - z_1)/d] \tag{2.29}$$

通常传输损耗中还需要考虑收发天线的极化匹配系数 S(当两天线极化方向相同时匹配系数最大 $S=1$),由极化方式不匹配引起的传输损耗为 $10\lg S$。由于地空跳频通信系统的地面天线均采用相同的垂直极化方式,因而极化方式导致的损耗可以忽略。

2. 馈线传输损耗

超短波射频馈线电缆的损耗 L_c(单位:dB)可由下式计算:

$$L_c = L \times 0.030\ 48 \times 10^{a\lg f - b} \tag{2.30}$$

式中　f——工作频率,MHz;

　　　L——电缆长度,m。

对于 0.375 英寸(0.952 5 cm)的射频电缆可取 $a = 0.526\ 07, b = 1.034\ 41$。

2.3　空间受限地空跳频通信系统同址干扰仿真与分析

2.3.1　接收机阻塞仿真与分析

接收机阻塞是由于干扰信号落入被干扰接收机滤波器带内,如果干扰电平强度超过接收机允许范围,将导致接收机放大增益明显下降。因此,为防止接收机过载,要求接收到的干扰功率电平必须小于接收机的阻塞门限。由式(2.1)和式(2.2)得到同址条件下,发射机基波干扰不引起接收机阻塞的条件为

$$P_t - L_{bft} - L_{ct} - C - L_{cr} - L_{bfr} - L_1 - (P_e + P_s) < 0 \tag{2.31}$$

即要求天线隔离度 C 满足

$$C > P_t - L_{bft} - L_{ct} - L_{cr} - L_{bfr} - L_1 - (P_e + P_s) \tag{2.32}$$

下面从两种情况来分析天线隔离度要求。

1. 同址发射机频率在被干扰接收机射频滤波器带内

此时,接收机射频带通滤波器对发射机基波信号基本不产生衰减,仅是滤波器对该频率

存在 3 dB 左右的插损,即

$$L_{\text{bfr}} = 3 \text{ dB} \tag{2.33}$$

结合表 2.1 中的系统参数模型,得到不产生接收机阻塞的最小天线隔离度要求如图 2.9 所示,同时由式(2.1)计算得到对应的最小天线间距如图 2.10 所示。

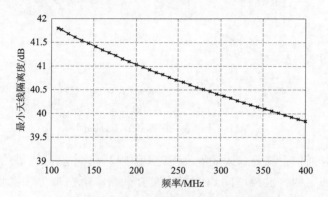

图 2.9　无接收机阻塞的最小天线隔离度

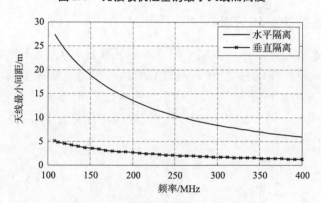

图 2.10　无接收机阻塞的最小天线间距

由此可以看出,地空跳频通信系统不产生接收机阻塞所要求的最小天线隔离度为 41.8 dB(频率为 108 MHz),采用水平隔离和垂直隔离时分别需要的最小天线间距分别为 27.3 m 和 5.0 m。当通信平台空间受限或者同址的天线数量较多时,很难满足这个要求。

2. 同址发射机频率在被干扰接收机射频滤波器带外

图 2.10 的仿真结果表明只要天线隔离度达到一定程度就能够完全避免接收机阻塞的产生。在保证一定的天线隔离度的同时,增加接收机射频滤波器对发射机基波干扰信号的衰减就可以有效避免接收机阻塞的产生。假定地空跳频通信系统中的天线隔离度为 30 dB(这个隔离度要求比较容易满足),这种情况下所要求的接收机射频带通滤波器对发射机基波信号的最小衰减 L_{bfrmin} 为

$$L_{\text{bfrmin}} = P_{\text{t}} - L_{\text{bft}} - L_{\text{ct}} - C - L_{\text{cr}} - L_{\text{l}} - (P_{\text{e}} + P_{\text{s}}) = 9.8 \text{ dB} \tag{2.34}$$

通常电调谐跳频滤波器的 30 dB 带宽为中心频率的 6%,也就是说,只要满足同址收发信机的频率间隔不小于接收频率的 3%(典型频率间隔如图 2.11 所示),此时发射机射频频率就能在接收机跳频滤波器带外,可以确保不产生接收机阻塞。

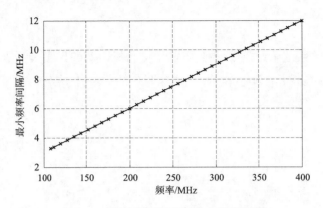

图 2.11　无接收机阻塞的最小频率间隔

因此,地空跳频通信系统要求天线隔离度达到约 42 dB 才能有效避免阻塞干扰的发生。否则,就需要采取一定的收发频率间隔使同址发射机频率落在被干扰接收机的射频带通滤波器带外才能避免接收机阻塞。

2.3.2　接收机减敏仿真与分析

发射机杂散干扰与发射机在基波频率附近的带外辐射有关,从干扰源接收的带外辐射信号将导致接收机灵敏度降低,这是接收机自身无法克服的。如果发射机杂散辐射落在接收机通道内,将抬高接收噪声基底,导致接收系统信噪比下降、灵敏度降低,影响地空跳频通信系统的有效通信距离。结合图 2.6 中带外抑制性能,计算得到杂散干扰的发射功率如图 2.12 所示。

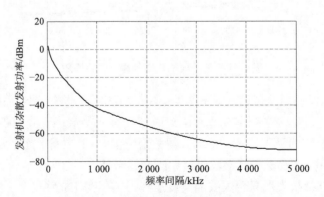

图 2.12　发射机杂散辐射功率

图 2.12 表明,即使在离发射机基波信号 5 MHz 的地方,其杂散辐射的功率仍然达到 −72 dBm,而超短波跳频电台的典型接收机灵敏度通常为 −110 dBm,这种情况下,只要传输损耗不小于 48 dB,还会引起接收机减敏。

同样,分发射机基波信号在接收机射频带通滤波器带内和带外两种情况来分析发射机杂散干扰的影响。

1. 同址发射机频率在被干扰接收机射频滤波器带内

由式(2.3)和式(2.4)得到不产生接收机减敏的条件为

$$C > P_t - \text{ICR} - L_{bft} - L_{ct} - L_{cr} - L_{bfr} - L_l - (P_e - \text{SNR}) \tag{2.35}$$

不产生接收机减敏的天线间距与最小频率间隔的关系如图 2.13 所示。

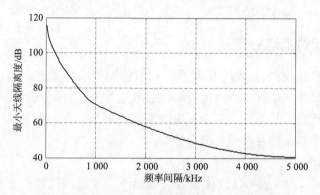

图 2.13　无接收机减敏的最小天线隔离度

图 2.13 表明,频率间隔 1 MHz、2 MHz、3 MHz、4 MHz 和 5 MHz 时分别要求天线隔离度为 71.8 dB、59.1 dB、49.7 dB、43.8 dB 和 41.8 dB 才能避免接收机减敏的发生。同时,由式(2.27)计算得到水平隔离和垂直隔离时所需要的最小天线间距如图 2.14 所示。

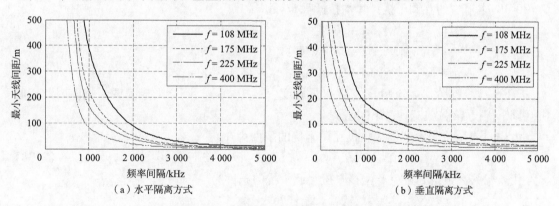

（a）水平隔离方式　　　　　　　　　　（b）垂直隔离方式

图 2.14　无接收机减敏的最小天线间距

由图 2.14 可以看出,在 108 MHz 频率时,如果仅采用水平隔离方式,收发频率间隔 1 MHz、2 MHz、3 MHz、4 MHz 和 5 MHz 时分别要求的最小天线间距为 385.9 m、89.6 m、30.3 m、15.4 m 和 12.2 m;如果采用垂直隔离方式,相应的最小天线间距分别为 18.9 m、9.1 m、5.2 m、3.7 m 和 3.3 m。如果同址的天线数量较少时,可以通过有效的天线布局和频率间隔设计达到抑制发射机杂散干扰引起的接收机减敏。但是,当同址的天线较多时,导致天线隔离度有限,这样就导致在很宽频带上的噪声提高,必须保证较大的频率间隔才能防止产生接收机减敏。由于跳频通信需要占用比定频通信更多的频率资源,因而严重的发射机杂散干扰导致跳频通信系统的频率资源非常紧张。

2. 同址发射机频率在被干扰接收机射频滤波器带外

当同址的发射机基波频率在接收机射频带通滤波器带外时,则收发频率间隔通常已经大于 3 MHz,仍然假定天线隔离度为 30 dB,由图 2.13 可知此时仅需要对发射机杂散干扰产生不小于 20 dB 的衰减就能完全避免接收机减敏的产生。表明只要同址发射机频率在被干扰接收机射频滤波器带外,就可以避免产生接收机减敏。

因此,地空跳频通信系统随着同址跳频电台数量的不断增加,其接收机减敏比较严重,需要采取较大的频率间隔才能降低发射机杂散干扰的影响。

2.3.3　互调干扰仿真与分析

当同址的电台数量较少时,发射机基波干扰引起的接收机阻塞和杂散干扰引起的接收机减敏是主要的同址干扰形式。当同址发射机数目增加时,互调分量的数量显著增加,互调干扰也成为重要的同址干扰形式。下面从接收机互调干扰和发射机互调干扰两个方面对空间受限地空跳频通信系统的互调干扰进行分析。

1. 接收机互调干扰

分析接收机互调干扰的影响时,首先需要确定所需考虑的接收机互调干扰阶数。假定非线性器件的特性系数 a_3、a_5 分别为

$$a_3 = 10^{-4}(-40 \text{ dB}) \tag{2.36}$$

$$a_5 = 10^{-9}(-90 \text{ dB}) \tag{2.37}$$

由式(2.18)计算得到各种类型的五阶接收机互调分量的功率分别为($P_t = 47.8$ dBm、$C = 30$ dB,本节中的互调干扰计算均按此设定):

$$3A - 2B \text{ 型:} \qquad -167.2 \text{ dBm}$$
$$2A - 2B + C \text{ 型:} \qquad -161.2 \text{ dBm}$$
$$3A - B - C \text{ 型:} \qquad -157.7 \text{ dBm}$$

五阶互调分量的功率远小于接收机灵敏度(-110 dBm),不会形成互调干扰。因此接收机互调干扰仅需考虑三阶互调干扰。

由式(2.23)得到不产生接收机互调干扰的条件为

$$-93 + 3(P_t - L) - 60\lg \Delta f - (P_e - \text{SNR}) < 0 \tag{2.38}$$

代入相关参数得到避免产生接收机互调干扰的条件为

$$\Delta f > 690 \text{ kHz}$$

同时,由上文分析可知Ⅲ-Ⅱ型互调干扰比Ⅲ-Ⅰ型互调干扰的强度还要大 6 dB,这表明频率间隔同样不能小于 690 kHz。超短波跳频通信的频道间隔为 25 kHz,表明至少需要 28 个信道间隔才能有效抑制接收机互调干扰。

超短波地空跳频通信电台接收机前端具有电调谐带通滤波器,产生互调干扰的频率必须落在接收机带通滤波器的带宽内,因此接收机互调干扰的产生需要满足式(2.39)和式(2.40)的条件。

两个信号形成的接收机互调干扰需满足以下条件:

$$|f_A - f_R| < \frac{B_r}{2}, \qquad |f_B - f_R| < \frac{B_r}{2} \tag{2.39}$$

三个信号形成的接收机互调干扰需满足以下条件:

$$|f_A - f_R| < \frac{B_r}{2}, \qquad |f_B - f_R| < \frac{B_r}{2}, \qquad |f_C - f_R| < \frac{B_r}{2} \tag{2.40}$$

式中,B_r 为接收机射频带通滤波器带宽。

跳频通信从跳频带宽来区分可以分为分频段跳频和全频段跳频,下面分别分析分频段跳频和全频段跳频方式时的接收机互调干扰。

　　(1)分频段跳频时的接收机互调干扰。当采用分频段跳频时,各频段之间通常有几兆赫到几十兆赫的频带间隔,因而很容易使频点破坏式(2.39)和式(2.40)所要求的接收机互调干扰产生条件。分频段跳频方式结合有效的频率分配,能够比较有效地避免接收机互调干扰。

　　(2)全频段跳频时的接收机互调干扰。当采用全频段跳频时,系统内各电台的频点没有有明显频率间隔,因此同址发射机发射信号很有可能落入同址接收机的射频带宽内,此时如果多个干扰信号同时出现且频率组合满足产生互调干扰的条件,就会形成接收机互调干扰。虽然此时通过科学的频率分配,能够一定程度上减少接收机互调干扰,但要达到完全避免互调干扰的难度明显增加。

　　因此,对地空通信产生影响的接收机互调干扰为三阶互调干扰,更高阶数的接收机互调干扰不产生影响。由于跳频接收机前端具有电调谐带通滤波器,因而比较有效地减少接收机互调干扰的干扰。采取分频段跳频方式可以有效抑制接收机互调干扰,但这是以牺牲跳频增益为代价的。

2. 发射机互调干扰

　　由于发射机互调干扰发生在发射机射频功放处,产生互调干扰的 U_A(假定 A 为产生发射机互调干扰的电台)和 U_B、U_C 不再相等,此时 $P_A = 47.8$ dBm, $P_B = P_C = 17.8$ dBm。由式(2.9)、式(2.10)、式(2.14)和式(2.15),计算得到不同类型发射机互调分量功率见表2.3。

表2.3　不同类型发射机互调分量功率

互调干扰类型	表达式	互调分量功率/dBm
2A－B 型	$2f_A - f_B$	4.8
	$2f_B - f_A$	－25.2
3A－2B 型	$3f_A - 2f_B$	－57.2
	$3f_B - 2f_A$	－87.2
A＋B－C 型	$f_A + f_B - f_C$	－19.2
2A－2B＋C 型	$2f_A + 2f_B - f_C$	－81.2
	$f_A - 2f_B + 2f_C$	－111.2
3A－B－C 型	$3f_A - f_B - f_C$	－51.2
	$3f_B - f_A - f_C$	－107.7

　　同样,假定同址发射机和接收机的带内传输损耗为30 dB,则由式(2.26)可知,发射机互调分量的功率不小于 －90 dBm 时,就会产生对同频率的接收信号产生干扰。表2.3的计算结果表明所有三阶互调分量和绝大部分五阶发射机互调分量都会对同址接收机产生干扰。因此,在同址干扰中需要考虑所有不超过三个信号和不超过五阶的发射机互调分量对通信的影响。

　　由于地空跳频电台发射机射频功放后为宽频带带通滤波器,因而会耦合进入大量邻近发射机的发射信号,导致严重的发射机互调干扰,成为跳频通信系统中非常重要的同址干扰形式。表 2.4 显示了处于发射状态的跳频电台数量为 N、跳频频率表长度为 L 时,各种类型发射机互调干扰的数量和每个互调干扰出现的概率。

表 2.4　引起干扰的互调分量数量

互调类型	表 达 式	频率组合数量	出现概率
$2A-B$ 型	$2f_A-f_B$	$2 \times N \times (N-1) \times L^2$	$1/L^2$
$3A-2B$ 型	$3f_A-2f_B$	$2 \times N \times (N-1) \times L^2$	$1/L^2$
$A+B-C$ 型	$f_A+f_B-f_C$	$3 \times N \times (N-1) \times (N-2) \times L^3$	$1/L^3$
$2A-2B+C$ 型	$2f_A+f_B-2f_C$	$2 \times N \times (N-1) \times (N-2) \times L^3$	$1/L^3$
$3A-B-C$ 型	$3\omega_A-\omega_B-\omega_C$	$2 \times N \times (N-1) \times (N-2) \times L^3$	$1/L^3$

图 2.15 显示了互调产物数量与处于发射状态的发射机数量的关系。可以发现,随着处于发射状态跳频电台数量的增加,发射机通道内的互调产物数量急剧增长。

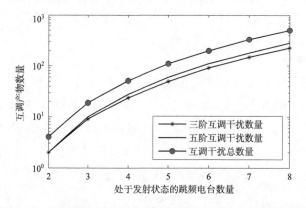

图 2.15　互调产物数量与处于发射状态跳频电台数量的关系

由于每个跳频频率表包含有多个频率,图 2.16 显示了跳频频率表长度分别为 64、128 和 256 个频点时,整个跳频通信过程中,同址跳频电台数量与所有可能出现的互调分量数量的关系。如此多的频率组合数量表明,仅仅依靠频率管理来减少发射机互调干扰互调的难度很大,必须采取有效的发射机互调干扰抑制措施。

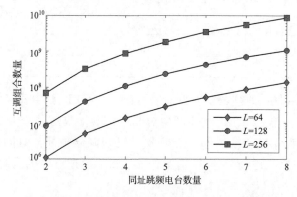

图 2.16　整个跳频过程中发射机互调分量的数量

因此,在地空跳频通信系统中,三阶和五阶的发射机互调干扰均会对同址的跳频接收机正常工作产生影响;发射机互调干扰是跳频通信系统内一种非常严重的同址干扰,在空间受限地空跳频通信系统同址干扰抑制研究中需要重点对待。

▌ 小结

　　本章详细分析了地空跳频通信系统三种主要的同址干扰形式:发射机基波干扰、杂散干扰和互调干扰,在建立同址干扰理论分析模型的基础上分析影响同址干扰的具体因素及其变化规律,通过计算得到抑制同址干扰所需考虑的频率间隔和互调干扰类型,仿真实验结果表明,发射机杂散干扰和发射机互调干扰是跳频通信系统最严重的同址干扰形式。

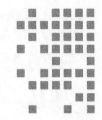

第3章

空间受限跳频通信系统的组网优化方法

空间受限跳频通信系统的组网优化问题涉及电台天线布局优化、跳频通信频率表设置等方面,本章系统分析空间受限跳频通信系统频率分配问题的约束条件,基于模拟退火算法分析跳频通信系统的频率分配方法。结合同址干扰分析方法和有约束天线三维布局优化方法,对频率分配算例进行计算机数值求解,分析频率分配方法的性能。

3.1 空间受限跳频通信系统的组网优化问题

针对受限空间内的多部跳频电台组网时存在的同址干扰问题,在确定频段划分工作模式和同址干扰产生条件的前提下,需要基于同址干扰发生概率的分析建立跳频通信系统天线架设位置和频率分配优化模型。

频率分配是优化频谱利用、提高信道容量、减少干扰的主要手段。频率分配问题描述为:对 N 个给定的待分配频率(或频率集)和 M 个频率组成的频率集,设 $f = \{f_1, f_2, \cdots, f_N\}$ 为所有状态构成的解空间, $\Phi = \{\Phi_1, \Phi_2, \cdots, \Phi_M\}$ 为固定频率集, $E(f_i)$ 为状态 f_i 对应的目标函数值,寻找最优解 f^* ,使任意 $f_i \in f, E(f^*) = \min\{E(f_i)\}$ 。常见的频率分配问题分为最小跨度频率分配和固定频率分配两种。最小跨度频率分配指求出一个"0-干扰"分配方案,使得所选的最大频率和最小频率之间的跨度最小;固定频率分配问题是指对于给定可用的频率集合,求出一个频率分配方案,使得总干扰最小。

空间受限跳频通信系统的频率分配问题是固定频率分配问题,即在给定的可用频率集内求解出总干扰最小的跳频频率分配方案。本书结合跳频通信及其同址干扰特点,系统研究基于模拟退火(simulate annealing,SA)算法的空间受限跳频通信系统固定频率分配方法。

空间受限跳频通信系统频率分配流程如图 3.1 所示。通过对空间受限通信平台的天线布局进行优化,得到各天线对的隔离度,然后分析频率分配所需考虑的同址干扰类型及相应参数,即可进行空间受限跳频通信系统的频率分配。因此,本章首先研究空间受限通信平台的天线布局优化方法。

图 3.1　空间受限跳频通信系统频率分配流程图

3.2　空间受限通信平台的天线布局优化方法

一般情况下,按照超短波地空通信电台的使用要求,天线之间的相互距离应该在 15 m 以上,此时接收机邻近频道的干扰场强大大减弱,接收机本身的性能指标就能把较强的带外信号抑制掉,达到消除干扰的目的。但实际使用中,很多情况不具备这样的条件,因此需要系统讨论多天线系统的天线隔离方法。

传统的天线布局设计大多是采用试探的方法,然后从多种天线布局中选取一种最优方案。然而,对于复杂多天线系统来说,如果要试算 M 种方案,整个优化过程要耗费很长时间。同时,采用试探的方法由于缺乏理论上的指导往往试验了很多种方案后仍不能找到一个最好的方案。有学者采用基于遗传算法(genetic algorithms,GA)的天线布局优化方法,快捷而准确地进行天线布局设计。针对多天线系统的大规模组合优化问题,以往的研究通常以多天线系统的整体隔离度为目标,采用 GA 算法进行二维平面中的天线布局优化。在天线数量和约束条件均较少的时候,GA 算法能较好地解决天线二维布局优化问题。但是,当将天线布局从二维平面扩展到三维空间进行时,随着天线数量和约束条件的增加,由于 GA 算法存在提前收敛的缺陷,导致天线布局方法因陷于局部最优解而无法搜索到全局最优解。SA 算法具有摆脱局部最优解的能力,能抑制早熟现象,但对参数的依赖性较强,且进化速度慢。针对 GA 和 SA 各自的不足与优势,将两者结合起来形成的 GA/SA 算法在进化后期也有较强的爬山性能,收敛速度得到了很大的提高,也改善了早熟收敛问题,增强了进化算法的全局收敛性。本书充分考虑天线的水平隔离和垂直隔离方式,基于 GA/SA 算法研究有约束天线三维布局优化方法。

3.2.1　天线三维布局优化的目标函数和约束条件

天线布局优化问题是一个只含上下限约束的数值最优化问题。天线布局设计目标函数中待优化的自变量就是各个天线的坐标 (x,y,z),而隔离度实际上就是随天线的几何位置参量变化而变化的因变量。在进行天线布局优化时,在满足相应的约束条件的前提下,应以增加多天线系统的整体隔离度曲线为目标,使所有天线对隔离度值的整体趋势保持最高,而不是只保证某对天线的隔离度能达到最大值。对于一个 N 副天线系统,其天线耦合对的数目为 $N(N-1)/2$。

通过确保天线 i 和 j 的距离处于远场范围,避免天线的近场耦合,可以满足超短波地空通信的电磁兼容要求并简化天线布局优化的数学模型,对天线 i 和 j 的间距采取以下约束:

$$d_{ij} = \sqrt{(x_i - x_j)^2 + (y_i - y_j)^2 + (z_i - z_j)^2} \geqslant \frac{10 \times \max(\lambda_{i,\_}, \lambda_{j,\_})}{2\pi} \qquad (3.1)$$

式中，$\max(\lambda_{i,\_},\lambda_{j,\_})$ 表示电台 i 和 j 所使用的频率中最大的波长值。

结合权重系数，得到超短波地空通信天线布局优化的目标函数 C 表达式为

$$C = \sum_{i=1}^{N-1}\sum_{j=i+1}^{N}\omega_{ij}C_{ij}\left[(x_i,y_i,z_i)(x_j,y_j,z_j)\right] \tag{3.2}$$

式中，x_i、y_i 和 z_i 为天线 i 的坐标，x_j、y_j 和 z_j 为天线 j 的坐标；C_{ij} 为天线 i 与天线 j 之间的隔离度，由式(2.27)计算；ω_{ij} 为天线 i 与天线 j 之间的隔离度的权重系数，代表这对天线间的耦合度在整个系统的耦合度曲线中的重要性。

考虑超短波地空通信跳频电台天线的特性和标准规范中关于地空跳频通信系统中天线布局的电磁兼容性要求，通过理论分析和实际测试，得到两部 V/UHF 天线的隔离度 (108 MHz)通常应不小于 30 dB。因此，约束条件为

$$C_{ij}\geqslant 30\ \text{dB} \tag{3.3}$$

3.2.2　基于 GA/SA 算法的有约束天线三维布局优化计算方法

当天线布局的变量与 GA/SA 算法处理对象的对应关系确定后，GA/SA 算法所包含的个体、种群和染色体等特征值在天线布局问题中的具体含义可表征如下：

(1)个体：表示某种天线布局方案，可由参与优化的所有天线位置集合表示。该集合可用于表征天线布置的坐标空间特征。

(2)种群：表示 M 种天线布置方案(M 为种群规模)。

(3)染色体：表示某种天线布局方案的表征形式，即参与优化的所有天线位置集合的编码组合。

(4)遗传基因：表示参与优化的某副天线在某方位轴上的位置坐标。

(5)编码方式：采用实数编码方式。

应用于有约束天线三维布局优化计算方法的 GA/SA 算法程序流程如图 3.2 所示。

1. 染色体编码及初始种群的选取

编码策略直接影响个体被 GA 算子操作时的变形特性以及个体解码时从基因型空间到表现型空间的映射性质。对于事先给定待选坐标的天线布局设计方法，一般使用传统的二进制编码。而在天线位置三维坐标的自动寻优问题中，待选坐标具有连续性，如果采用二进制编码，在将连续函数离散化时将造成映射误差，因此选用实数编码直接表示天线三维坐标 (x,y,z)。这样得到一种三维编码策略来表示天线的位置信息，如图 3.3 所示。

图 3.3 中，每个个体代表一副天线的坐标方案，代码长度 N 表示同一通信平台需要架设的天线数量，x_i、y_i 和 z_i 分别代表天线 i 的三维坐标值($i=1,2,\cdots,N$)。在选取初始种群时，对每个基因位置，根据式(3.4)、式(3.5)和式(3.6)随机选取天线 i 坐标 x_i、y_i 和 z_i：

$$x_i = X_{\min} + \alpha_i(X_{\max} - X_{\min}) \tag{3.4}$$

$$y_i = Y_{\min} + \beta_i(Y_{\max} - Y_{\min}) \tag{3.5}$$

$$z_i = Z_{\min} + \gamma_i(Z_{\max} - Z_{\min}) \tag{3.6}$$

式中，$X_{\max}$、$Y_{\max}$ 和 $Z_{\max}$ 分别是天线布局区域内 x、y 和 z 轴坐标的最大值；$X_{\min}$、$Y_{\min}$ 和 $Z_{\min}$ 分别是天线布局区域内 x、y 和 z 轴坐标的最小值；α_i、β_i 和 γ_i 表示在 $[0,1]$ 区间内均匀分布的随机数。

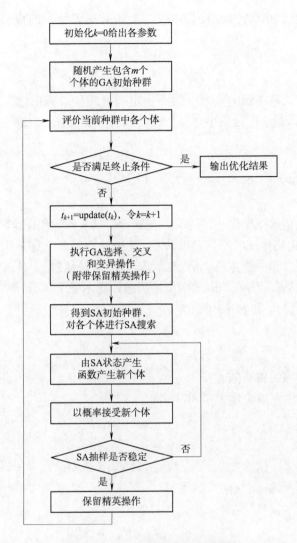

图 3.2　GA/SA 算法程序流程图

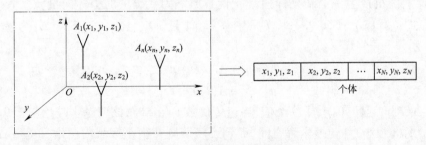

图 3.3　染色体编码示意图

2. 适应度函数

通常情况下,多天线系统中每一对天线的耦合度对于所要研究的耦合度曲线来讲其重要性都是相同的,权值可以取相同值 $\omega_{ij}=1$(如果在天线系统中特别关注某一副天线,可以将

所有包含该天线的天线对耦合度的权值取一个大于其他天线对的权值）。得到天线布局优化的目标函数为

$$C = \sum_{i=1}^{N-1} \sum_{j=i+1}^{N} C_{ij}\left[(x_i,y_i,z_i)(x_j,y_j,z_j) \right] \tag{3.7}$$

由于初始化和优化后得到的每个个体不一定满足式(3.1)和式(3.3)的约束条件，因此引入惩罚因子 2^{-n} 加入适应度函数中，建立天线布局优化的适应度函数 F 为

$$F = \frac{C}{2^n} \tag{3.8}$$

式中，n 为违反约束的数量。

3. 基因操作

基因操作主要包括选择操作、交叉操作、变异操作、SA 操作和保留精英操作。

（1）选择操作。选用传统的轮盘赌的方法，首先计算每个个体的适应值，然后计算出此适应值在群体适应值总和中所占的比例，表示该个体在选择过程中被选中的概率。

（2）交叉操作。对采用实数编码的坐标基因选用算术交叉算子，用向量 $\boldsymbol{P}$ 来表示坐标向量 (x,y,z)，则坐标向量 $\boldsymbol{p}_1$ 和 $\boldsymbol{p}_2$ 的组合为

$$\begin{cases} \boldsymbol{p}_1' = \lambda \boldsymbol{p}_1 + (1-\lambda)\boldsymbol{p}_2 \\ \boldsymbol{p}_2' = (1-\lambda)\boldsymbol{p}_1 + \lambda \boldsymbol{p}_2 \end{cases} \tag{3.9}$$

式中，λ 为 $[0,1]$ 区间内的随机数。

假定第 k 代的 2 个双亲个体为 c_1^k 和 c_2^k，即

$$c_1^k = [p_{11}^k, p_{12}^k, \cdots, p_{1N}^k] \tag{3.10}$$

$$c_2^k = [p_{21}^k, p_{22}^k, \cdots, p_{2N}^k] \tag{3.11}$$

如果随机产生的交叉位置为 2，则 c_1^k 和 c_2^k 的前 2 位基因分别采用式(3.9)交叉后得到第 $k+1$ 代 2 个新个体 c_1^{k+1} 和 c_2^{k+1}，结果如下：

$$c_1^{k+1} = [p_{11}^{k+1}, p_{12}^{k+1}, p_{13}^k, \cdots, p_{1N}^k] \tag{3.12}$$

$$c_2^{k+1} = [p_{21}^{k+1}, p_{22}^{k+1}, p_{23}^k, \cdots, p_{2N}^k] \tag{3.13}$$

（3）变异操作。对采用实数编码的坐标基因选用非均匀变异策略。对于父代个体随机选定的位置 i，随机产生一个新坐标向量 $\boldsymbol{p}_i'$ 代替原基因代码中的坐标向量 $\boldsymbol{p}_i$。其中 $\boldsymbol{p}_i'$ 由式 (3.14) 或式 (3.15) 计算得到，$\boldsymbol{U}$ 为坐标向量 $[X_{max}, Y_{max}, Z_{max}]^T$，$\boldsymbol{L}$ 为坐标向量 $[X_{min}, Y_{min}, Z_{min}]^T$。

$$\boldsymbol{p}_i' = \boldsymbol{p}_i + \Delta(t, \boldsymbol{U}-\boldsymbol{p}_i) \tag{3.14}$$

$$\boldsymbol{p}_i' = \boldsymbol{p}_i - \Delta(t, \boldsymbol{p}_i-\boldsymbol{L}) \tag{3.15}$$

式中，函数 $\Delta(t,g)$ 返回 $[0,g]$ 中一个值，当遗传代数 t 升高时，该值越来越趋向于 0。该特性使算子在早期（t 很小）均匀搜索解空间，而到了晚期则在很小区域内搜索。函数 $\Delta(t,g)$ 的形式如下：

$$\Delta(t,g) = gr\left(1 - \frac{t}{T}\right)^b \tag{3.16}$$

式中，r 为 $[0,1]$ 区间上的随机数；T 为最大遗传代数；b 为确定非均匀程度的参数。

（4）SA 操作。经过 GA 算法选择、交叉、变异操作的种群作为 SA 初始种群，运用基于

Metropolis 判别准则的复制策略以产生下一代种群。

在第 k 代种群中每一个染色体 i 的邻域中随机产生新个体 i'，i' 和 i 竞争进入下一代种群。采用 Metropolis 判别准则，按 SA 算法中的接受概率 $F_{ii'}(t_k)$ 接受或拒绝 i'。

$$F_{ii'}(t_k) = \min\left\{1, \exp\left(\frac{F_{i'}(t_k) - F_i(t_k)}{t_k}\right)\right\} \tag{3.17}$$

式中，$F_i(t_k)$、$F_{i'}(t_k)$ 分别为个体 i 和 i' 的适应度函数。

产生 $[0,1]$ 之间的随机数 r，如果 $F_{ii'}(t_k) > r$，则把新个体复制到下一代种群，否则把原个体复制到下一代种群。

基于 Metropolis 判别准则的复制策略，不但保证中间种群中的最优个体进入下一代，而且保证了种群的多样性，避免陷入局部最优解。t_k 的每次 SA 操作需要 M 次迭代，最终选出新种群。

（5）保留精英操作。为了保证算法终止时的计算结果是整个搜索中曾经达到的最好解（也称最优解），引入一个记忆装置，记忆整个迭代过程中的最好解。在每结束新一轮的迭代时，将当前种群的最好解与记忆装置的解相比较，即如果当前种群的最好解优于记忆装置中的解，则将记忆装置中的解替换为当前种群中的最好解，否则保持记忆装置中的解不变。等整个优化过程结束后，将记忆装置中的解与优化结果中的最好解对比，从而选择得到最优解。

4. 退温函数

理论上，温度应以很慢的速度下降，但为了避免过于冗长的搜索过程，较好地折中以兼顾优化质量和时间性能，指数退温函数是最常用的退温策略：

$$t_{k+1} = \lambda t_k \tag{3.18}$$

式中，λ 为退温速率。

5. 算法终止条件

GA/SA 算法迭代终止条件：

（1）迭代次数达到最大遗传进化代数；

（2）算法搜索到的最优值连续若干代保持不变；

（3）模拟退火温度 t 降为 $t_{\min}$。

3.2.3　天线布局优化算例

下面给出以一幢通信楼的楼顶为超短波地空跳频通信系统的典型天线架设场景。假定天线布局空间大小为 6 m×20 m×5 m，其中坐标 X、Y 和 Z 的取值范围分别为 0 ~ 6 m、0 ~ 20 m 和 3 ~ 8 m。在此基础上分别对同时架设 4 副、6 副和 8 副天线的情况进行天线布局优化的数值计算，这分别是一个 12、18 和 24 变量的优化问题。考虑天线布局优化时尚未形成具体的频率分配方案，因此以超短波地空通信的最低频率 108 MHz 为计算标准。

在采用 GA/SA 算法计算天线布局优化最优解的过程中，种群大小取 30，最大进化代数取 500，采用轮盘赌选择方式，交叉率取 0.6，变异率取 0.03；SA 算法初温 10，退温参数 λ = 0.975，最低温度 1。取 10 次数值计算结果平均值，得到频率 108 MHz 时 4 副、6 副和 8 副天线的布局优化结果的性能比较见表 3.1。

表 3.1 天线布局优化结果性能比较

同址天线数量	方　　法	隔离度/dB			隔离度 30 dB 以下数量
		最小隔离度	最大隔离度	总体隔离度	
4	无约束、GA/SA 算法	39.5	41.7	244.7	0
	有约束、GA 算法	39.5	41.7	244.7	0
	有约束、GA/SA 算法	39.5	41.7	244.7	0
6	无约束、GA/SA 算法	28.6	41.7	580.2	2
	有约束、GA 算法	31.2	41.7	568.3	0
	有约束、GA/SA 算法	30.1	41.7	569.7	0
8	无约束、GA/SA 算法	28.6	41.7	1 078.1	4
	有约束、GA 算法	30.9	41.7	1 045.1	0
	有约束、GA/SA 算法	30	41.7	1 060.7	0

表 3.1 的天线布局优化数值计算结果表明在同址天线数量为 4 副时,三种方法可以获得相同的天线布局优化结果。但是当同址的天线数量增加时,本书中算法的天线布局设计的效果明显优于其他两种方法。基于 GA/SA 算法的无约束天线布局优化算法,虽然可以获得更高的整体隔离度,但是会产生 30 dB 以下隔离度的天线对,因而会导致部分天线间的耦合很强,整体隔离效果明显不如基于 GA/SA 算法的有约束天线布局优化算法。与采用 GA 算法布局优化方法结果相比,GA/SA 算法能够得到较高的总体隔离度。

图 3.4 为同址天线数量为 8 副的情况下,三种方法在进化过程中个体的最优适应度比较情况。结合表 3.1 的计算结果可见,应用于空间受限通信平台的多天线布局优化时,与基于 GA 的天线布局优化方法和基于 GA/SA 的无约束天线布局优化方法相比,基于 GA/SA 算法的有约束天线三维布局优化方法可以获取更优的天线布局方案。其他情况的结果与图 3.4 相似,在此不一一列出。

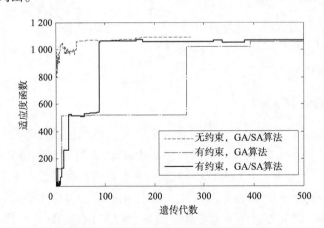

图 3.4 天线布局优化方法的适应度比较

采用基于 GA/SA 算法的有约束天线三维布局优化算法,通过计算机数值计算得到书中算例在天线数量分别为 4 副、6 副和 8 副时的天线布局优化方案见表 3.2,这是下文进行空间受限跳频通信系统频率分配相关参数计算的基础。

表 3.2　天线布局优化方案

同址天线数量/副		4	6	8
总隔离度/dB		244.7	569.7	1 060.7
最小隔离度/dB		39.5	30.1	30.0
天线坐标/m	天线 1	[0.00,0.00,3.00]	[0.00,0.00,3.00]	[0.00,0.00,3.00]
	天线 2	[0.00,0.00,8.00]	[0.00,0.00,8.00]	[0.00,0.00,8.00]
	天线 3	[6.00,20.00,3.00]	[5.00,0.00,6.41]	[6.00,3.66,3.00]
	天线 4	[6.00,20.00,8.00]	[0.00,20.00,4.59]	[6.00,3.66,8.00]
	天线 5	—	[6.00,20.00,3.00]	[0.00,16.34,3.00]
	天线 6	—	[6.00,20.00,8.00]	[0.00,16.34,8.00]
	天线 7	—	—	[6.00,20.00,3.00]
	天线 8	—	—	[6.00,20.00,8.00]

　　本书针对超短波通信多天线系统的特点,采用约束条件使天线间距符合远场条件,满足超短波地空通信的电磁兼容要求并简化天线布局优化的数学模型,建立基于 GA/SA 算法的有约束天线三维布局优化方法,可以避免布局优化迭代过程陷入局部最优点,使优化效率得到充分的保证。只需将天线布局优化方法进行一次计算机实现(算例进行一次优化仅需 1 min 左右)就可以找到理想的天线布局方案,增强了天线布局优化过程的准确性和时效性。

3.3　空间受限跳频通信系统的频率分配方法

3.3.1　空间受限跳频通信系统频率分配模型

　　根据超短波地空跳频通信系统的特点,假定跳频网络中含有 M 个子网 $R = \{r_1, r_2, \cdots, r_M\}$ 需要分配,地空通信系统的频率分配问题就是在给定频率域 Φ 中求解出一个包含 M 个跳频频率表的分配方案 f,表示为 $f = \{f_1, f_2, \cdots, f_M\}$,其中 $f_i = \{f(r_{i,1}), f(r_{i,2}), \cdots, f(r_{i,L})\}$($L$ 为跳频频率表长度),使得总干扰最小。

　　在参阅大量文献的基础上,对地空跳频通信系统的频率分配模型进行以下合理假设:

　　(1)同址配置的电台均为同型号超短波跳频电台,每个电台与远端若干部机载跳频电台组成一个跳频子网;

　　(2)一个子网内存在多部跳频电台,但任意时刻只能存在两部电台间的一次通信任务;

　　(3)地空跳频通信系统采用异步非正交组网方式,跳频序列采用无记忆跳频序列,各电台频率随机跳变;

　　(4)跳频通信系统不采用频率复用,禁止相同的频率重复出现。

3.3.2　频率分配的约束条件

　　在通信系统的固定频率分配问题中首先需要定义两种不同类型的约束条件,即从约束条件的重要性方面可以将频率分配的约束条件分为硬性约束(exclusivity constrain)和一般约束(soft constrain)两种。

(1)硬性约束:频率分配中必须满足的约束条件。实现该约束的方法是在代价函数中对其采用一个足够大的权系数,以保证不会发生破坏该约束条件的情况。

(2)一般约束:该约束可以被破坏,但需要通过频率分配方法,尽可能减少被破坏的一般约束的数量。

当频率分配的结果是一个"0-干扰"分配方案时,没有任何一个硬性约束或者一般约束被破坏。当无法得到一个"0-干扰"分配方案时,可以出现被破坏的一般约束,但是不允许出现任何被破坏的硬性约束。

下面从空间受限跳频通信系统的子网内约束和子网间约束两个层次详细分析各种约束条件。

1. 子网内约束

跳频通信网络频率分配的子网内约束分为同频率约束、跳频带宽约束和跳频间隔约束。这三类约束均为硬性约束,即在频率分配中不允许破坏,在代价函数中采用大的权系数。

1)同频率约束

在进行跳频组网时,一个频率表上不允许出现频率重复,因而同频率约束为

$$f(r_{i,\alpha}) \neq f(r_{i,\beta}) \quad (\alpha \neq \beta) \tag{3.19}$$

式中,$i=1,2,\cdots,M; \alpha=1,2,\cdots,L; \beta=1,2,\cdots,L$。

同频率约束是一个硬性约束,在代价函数中采用大的权系数。(在某些允许频率复用的通信网中,如移动蜂窝网,则该约束为一般约束条件。在本书中该约束为硬性约束。)

2)跳频带宽约束

跳频带宽的大小与抗阻塞干扰和跟踪干扰的能力直接相关。跳频带宽越宽,抗干扰能力越强。因此,在跳频通信系统的频率分配时,需要使频率分配方案的跳频带宽尽可能大。

第i个跳频子网的跳频带宽$f(r_{i\_band})$定义如下:

$$f(r_{i\_band}) = \max\{f(r_{i,\alpha})\} - \min\{f(r_{i,\alpha})\} \tag{3.20}$$

则跳频带宽约束表示为

$$0.95B_{i\_band} \leqslant f(r_{i\_band}) \leqslant B_{i\_band} \tag{3.21}$$

式中,B_{i_band}为可供第i个跳频子网跳频的频带带宽。

3)跳频间隔约束

在进行频率分配时,为了提高跳频通信的抗干扰性能通常要求其跳频间隔不小于规定值φ_2(φ_2的值通过根据频率资源、频率表长度和抗干扰需求确定)。频率资源丰富时,应尽量满足宽间隔跳频要求。

为便于表述,这里假定频率集f_i中的L个频率按升序排列,即

$$f(r_{i,1}) < f(r_{i,2}) < \cdots < f(r_{i,L}) \tag{3.22}$$

由此得到跳频间隔约束为

$$\Delta f(r_{i,\gamma}) = f(r_{i,\gamma+1}) - f(r_{i,\gamma}) \geqslant \varphi_2 \tag{3.23}$$

式中,$\gamma=1,2,\cdots,L-1$。

当频率资源紧张时,并不要求所有的跳频间隔都能满足式(3.23)的要求。因此,设跳频频率表i中不满足式(3.23)数量为L_i,如果L_i大于跳频频率表长度L的20%时,即认为跳频

频率表 i 不满足跳频间隔约束;反之则认为跳频频率表 i 满足跳跳间隔约束。

2. 子网间约束

空间受限跳频通信系统频率分配的子网间约束分为子网间远址约束和子网间同址约束。

1)子网间远址约束

不同跳频子网通信频率发生碰撞的情况可分为图 3.5 所示的两种情况。

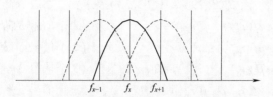

图 3.5 不同频率间隔对通信效果的影响示意图

(1)共道碰撞:子网 1 和子网 2 在同一时刻用同一频率发送信息,信道完全重叠,产生共道干扰,信息完全丢失。

(2)邻道碰撞:子网 1 和子网 2 在同一时刻分别用 f_x 和 f_{x+1}(或者 f_x 和 f_{x-1})发送信息,导致信息部分重叠,产生邻道干扰,这时虽然存在干扰但信息并不完全丢失。

所以子网间远址约束的形式为

$$|f(r_{i,\alpha}) - f(r_{j,\beta})| \geqslant n \tag{3.24}$$

$n = 1$,不产生共道干扰。

$n = 2$,不产生共道、邻道干扰。

地空跳频通信中通常不采用频率复用,因而将共道干扰约束作为硬性约束来对待,在代价函数中采用大的权系数来确保该约束不被破坏。共道干扰约束形式为

$$|f(r_{i,\alpha}) - f(r_{j,\beta})| \neq 0 \tag{3.25}$$

邻道干扰作为一般约束为

$$|f(r_{i,\alpha}) - f(r_{j,\beta})| \neq 1 \tag{3.26}$$

2)子网间同址约束

地空跳频通信系统的子网间同址约束涉及发射机基波干扰、杂散干扰和互调干扰等三种同址干扰形式。其约束主要为发射机基波干扰和杂散干扰所要求的同址频率间隔约束以及互调干扰所要求的同址互调干扰约束。

(1)同址频率间隔约束。同一平台的发射机和接收机频率必须保证一定间隔,否则同址发射机的大功率射频信号进入同址处于接收状态的跳频电台射频带通滤波器带内,就会在接收机的输入端产生很强的干扰电平,轻则使得跳频接收机的输入信噪比恶化,重则会造成通信中产生接收机减敏。严重时该电平超过受害接收机的动态范围导致接收机阻塞、通信中断。同址频率间隔约束为一般约束,形式为

$$|f(r_{i,\alpha}) - f(r_{j,\beta})| \geqslant \varepsilon_{\min} \tag{3.27}$$

式中,$\varepsilon_{\min}$ 为避免产生接收机减敏的最小频率间隔。

(2)同址互调干扰约束。当多个电台的信号经调制产生一个新的组合频率时,就产生了互调干扰。互调干扰约束来自电台同址架设时其信号的线性组合。其约束形式为

$$f(r_{i,\alpha}) \neq \sum_{j=1}^{s} c_j f(r_{j,-}) \qquad\qquad (3.28)$$

式中,$f(r_{j,-})$为子网 j 的跳频频率表中任意一个频率,c_j 为整数。

地空跳频通信系统的同址干扰通常需要考虑不多于三个信号和不超过五阶的互调干扰,更多信号和阶数的互调干扰功率或者概率很小,不会产生严重干扰。跳频通信系统中的互调干扰约束为一般约束,由式(3.29) ~ 式(3.33)表示:

$$f(r_{i,\alpha}) \neq 2f(r_{j,\beta}) - f(r_{k,\gamma}) \qquad\qquad (2 个信号 3 阶互调) \qquad (3.29)$$

$$f(r_{i,\alpha}) \neq 3f(r_{j,\beta}) - 2f(r_{k,\gamma}) \qquad\qquad (2 个信号 5 阶互调) \qquad (3.30)$$

$$f(r_{i,\alpha}) \neq f(r_{j,\beta}) + f(r_{k,\gamma}) - f(r_{l,\lambda}) \qquad (3 个信号 3 阶互调) \qquad (3.31)$$

$$f(r_{i,\alpha}) \neq 2f(r_{j,\beta}) + f(r_{k,\gamma}) - 2f(r_{l,\lambda}) \qquad (3 个信号 5 阶互调) \qquad (3.32)$$

$$f(r_{i,\alpha}) \neq 3f(r_{j,\beta}) - f(r_{k,\gamma}) - f(r_{l,\lambda}) \qquad (3 个信号 5 阶互调) \qquad (3.33)$$

对于一个具体的频率分配方案,需要通过计算才能算确定引起互调干扰的信号个数和阶数。

3.3.3　约束条件的权系数和代价函数

频率分配中约束条件的权系数用来衡量每一个违反约束的重要性。

首先定义如下:

N_1:子网中破坏同频率约束的数量;

N_2:破坏跳频带宽约束的子网数量;

N_3:破坏跳频间隔约束的子网数量;

N_4:破坏子网间共道干扰约束的数量;

N_5:破坏子网间邻道干扰约束的数量;

N_6:破坏子网间同址频率间隔约束约束的数量;

N_{72}:破坏子网间两个信号互调干扰约束的数量;

N_{73}:破坏子网间三个信号互调干扰约束的数量。

代价函数中不同约束的权系数定义如下:

ω_1:子网内同频率约束(硬性约束)的权系数;

ω_2:跳频带宽约束(硬性约束)的权系数;

ω_3:跳频间隔约束(硬性约束)的权系数;

ω_4:子网间共道干扰约束(硬性约束)的权系数;

ω_5:邻道干扰约束的权系数;

ω_6:同址频率间隔约束的权系数;

ω_{72}:两个信号互调干扰约束的权系数;

ω_{73}:三个信号互调干扰约束的权系数。

1. 一般约束的权系数

区别于定频通信系统,跳频通信系统特定频率组合产生的同址干扰不能简单地采用是否存在干扰进行判断,应当以干扰概率来衡量。

在以往的频率分配文献中,对于频率间隔约束和互调干扰约束等一般约束通常赋予同样的权系数；或者根据经验，简单地对不同约束赋予不同权系数以示区分。在跳频通信系统中，一个约束条件所对应的频率组合发生的概率是不一样的，与该约束条件所涉及的信号数量和跳频频率表长度相关。在空间受限跳频通信系统的频率分配中，约束条件的重要性与该约束条件所对应的频率组合出现的概率成正比。因此，将一般约束的权系数定义为其所对应的频率组合出现的概率，可以有效区分和体现各约束的重要性。

记跳频频率表长度为 L，电台处于发射状态的概率为 η（则处于接收状态的概率也为 η）。由此得到远址邻道干扰约束的权系数 ω_5、同址频率间隔约束的权系数 ω_6、两个信号互调干扰约束的权系数 ω_{72} 和三个信号互调干扰约束的权系数 ω_{73} 分别为

$$\omega_5 = \omega_6 = \eta^2/L^2 \tag{3.34}$$

$$\omega_{72} = \eta^3/L^3 \tag{3.35}$$

$$\omega_{73} = \eta^4/L^4 \tag{3.36}$$

通常，跳频通信系统发射机处于发射状态的概率为 10%～20%。假定所有发射机在任意时刻具有相同的发射概率，本书中设定跳频电台处于发射状态的概率为 10%（$\eta = 0.1$），计算得到不同约束的权系数见表 3.3。

表 3.3　跳频频率分配中一般约束的权系数

频率表长度	$L = 64$	$L = 128$	$L = 256$
ω_5、ω_6	$2.441\,4 \times 10^{-6}$	$6.103\,5 \times 10^{-7}$	$1.525\,9 \times 10^{-7}$
ω_{72}	$3.814\,7 \times 10^{-9}$	$4.768\,4 \times 10^{-10}$	$5.960\,5 \times 10^{-11}$
ω_{73}	$5.960\,5 \times 10^{-12}$	$3.725\,3 \times 10^{-13}$	$2.328\,3 \times 10^{-14}$

由表 3.3 可以看出，不同的约束条件发生的概率区别非常大，本书中提出的约束条件权系数可以有效区分不同约束的重要性，提高频率分配的质量。

2. 硬性约束的权系数

同频率约束、跳频带宽约束、跳频间隔约束和子网间共道干扰约束为硬性约束，定义代价函数中硬性约束的权系数如式（3.37），如此大的权系数可以确保不产生破坏硬性约束的情况。

$$\omega_1 = \omega_2 = \omega_3 = \omega_4 = 10^3 \tag{3.37}$$

3. 跳频频率分配的代价函数

在分析完跳频通信系统频率分配的约束条件及其权系数之后，得到频率分配的代价函数 C 为

$$C = \sum_{i=1}^{6} \omega_i N_i + \sum_{j=2}^{3} \omega_{7j} N_{7j} \tag{3.38}$$

频率分配的最优化问题就是采用一种合适的频率分配计算方法寻找一个能够使得上面的代价函数值最小的分配方案。

3.3.4　基于 SA 算法的跳频通信系统频率分配计算方法

有文献表明，当固定频率分配的结果是一个"0-干扰"分配方案时，禁忌搜索（tabu search）被证明是一个非常高效的方法。但是当频率资源紧张、无法得到一个"0-干扰"分配

结果时,SA 算法被证明是一种比较好的算法,它可以得到更好的频率分配方案。第 2 章的分析结果表明空间受限跳频通信系统的频率分配问题是一个频率资源紧张、较难达到一个"0-干扰"分配方案的频率分配问题。因此,本书中采用 SA 算法作为频率分配的计算方法。基于 SA 算法求解空间受限跳频通信系统固定频率分配问题的流程图如图 3.6 所示。

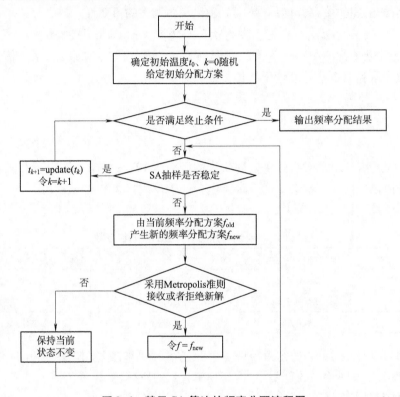

图 3.6　基于 SA 算法的频率分配流程图

SA 算法的实验性能具有质量高、初值健壮性强、通用易实现的优点。但是,为寻求到最优解,算法通常要求较高的初温、较慢的降温速率、较低的终止温度以及各温度下足够多次的抽样,因此 SA 算法往往优化过程较长。SA 算法的新状态产生方法、新状态接受函数、退温函数和退火结束准则以及初始温度是直接影响算法优化结果的主要环节。

1. 初始分配方案的产生

为证明频率分配方法的有效性和普遍性,频率分配的初始解在可用频率资源中随机生成。

2. 新状态产生方法

SA 算法应用于频率分配时,新状态通常采用随机产生的方法,这确保了全局收敛性能,但也导致后期搜索速度慢。针对 SA 算法的这个缺点,为了加强 SA 算法的搜索能力,本书采用"定位—随机选择—替换"新状态产生方法,即根据频率分配中被破坏约束的已有信息建立新状态的方法,有利于加速 SA 算法的搜索速度。新状态产生方法按如下三个步骤进行创建:

(1)在计算频率分配代价函数的同时,记录每个被破坏的约束对应的频率组中任意一个频点(已记录过的不重复记录)。

(2)在以上记录的违反约束的频率的基础上,再从每个频率集 F_i 中随机抽取 n 个频率(针对下文跳频频率表长度为 64、128 和 256 时,n 的值分别为 4、8 和 16)。

(3)分两种情况描述:

①全频段跳频时,从频域 Φ 未分配的频率中随机选择步骤(1)和步骤(2)中记录的数目一样多的频点数,将选择的频点随机替换步骤(1)和步骤(2)中记录的频点;

②分频段跳频时,从每个分频段未分配的频率集中随机选择步骤(1)和步骤(2)中每个跳频频率表中记录的数目一样多的频点数,然后按各跳频频率表中记录的频点数和随机选择的频点相应进行替换。

至此,完成新状态的建立。

该新状态产生方法采用了一定程度上的确定性转移规则,同时又保证了一定的随机性,因而具有较好的时间效率。

3. 新状态接受函数

由表 3.3 可以看出,本书提出的跳频通信系统频率分配方法中约束条件的权系数很小,因而代价函数也很小,需要对 SA 算法的新状态接受准则进行一些改进。

SA 算法的新状态接受函数为

$$\mathrm{prob} = \min\left\{1, \exp\left(\frac{-\Delta C}{\omega_{73} t_k}\right)\right\} \tag{3.39}$$

式中,ω_{73} 为三个信号互调干扰约束的权系数,由式(3.36)定义。

产生 $[0,1]$ 之间的随机数 r,如果 $\mathrm{prob} > r$,则接受新的频率分配方案,否则保留原有的频率分配方案。

4. 退温函数及初始温度

退温策略仍然采取常用的指数退温函数,见式(3.18)。初始温度 $t_0 = 10$,退温速率 $\lambda = 0.975$,终止温度 $t_{\min} = 1$。

5. 算法终止条件

当算法运行中满足下列任何一个条件时终止 SA 算法进程:

(1)温度 t_k 降低到指定的 $t_{\min}$;

(2)外循环次数超过最大迭代次数;

(3)代价函数 C 的值 0。

至此,完成地空跳频通信系统频率分配计算方法的分析。结合频率分配的约束条件和代价函数,就可以系统分析地空跳频通信系统的频率分配问题。

3.4　地空跳频通信系统频率分配算例

3.4.1　频率分配的参数模型

为分析空间受限跳频通信系统频率分配方法的性能和效果,对跳频频率表长度分别为 64、128 和 256,同址电台数量分别为 4、6 和 8 的情况进行频率分配的算例求解。跳频频段为

250～350 MHz,跳频间隔为 25 kHz,共 4 000 个频率点。跳频带宽分为分频段跳频和全频段跳频两种,分频段跳频的跳频带宽设计和子网内跳频间隔要求(分别为跳频频率表长度为 64、128 和 256 的情况)见表 3.4。

表 3.4　分频段跳频的跳频带宽设计和子网内跳频间隔要求

同址电台数量	分频段跳频的频段设计/MHz	子网内跳频间隔/kHz
4	250～270,275～295,300～320,330～350	200/100/50
6	250～272,275～287,290～302,305～317,320～332,335～350	125/50/25
8	250～260,262～273,275～286,288～299,301～312,314～325,327～338,340～350	100/50/25

在进行跳频通信系统同址干扰的频率分配时,首先需要进行有效的天线布局优化,因为天线隔离度是同址干扰非常重要的影响因素。与本章 3.2 节中的天线布局优化算例一致,设定可供天线布局的区域为 6 m×20 m×5 m,由天线布局优化算法得到天线数量分别为 4 副、6 副和 8 副时的天线布局方案见表 3.2。

由表 3.2 的天线布局方案可以得到各天线对的隔离度,通过计算得到地空跳频通信系统率分配所需考虑的最小同址频率间隔分别见表 3.5～表 3.7(单位:MHz),互调干扰类型见表 3.8。

表 3.5　同址 4 部电台的最小同址频率间隔要求

电台	2	3	4
1	2.925	3.100	2.800
2	2.800	2.850	—
3	2.950	—	—

表 3.6　同址 6 部电台的最小同址频率间隔要求

电台	2	3	4	5	6
1	4.375	5.025	4.975	4.400	4.100
2	3.775	3.925	4.100	4.925	—
3	4.050	3.975	4.400	—	—
4	3.850	4.400	—	—	—
5	5.000	—	—	—	—

表 3.7　同址 8 部电台的最小同址频率间隔要求

电台	2	3	4	5	6	7	8
1	3.875	4.275	4.050	5.625	4.675	3.975	4.200
2	4.050	4.275	4.675	5.625	4.200	3.975	—
3	3.875	4.200	3.975	4.675	5.625	—	—
4	3.975	4.200	5.625	4.675	—	—	—
5	3.875	4.050	4.275	—	—	—	—
6	4.275	4.050	—	—	—	—	—
7	3.875	—	—	—	—	—	—

表3.8　频率分配需考虑的互调干扰类型

同址电台数量	4	6	8
互调干扰类型	$2A-B$ 型 $3A-2B$ 型 $A+B-C$ 型 $3A-B-C$ 型	$2A-B$ 型 $3A-2B$ 型 $A+B-C$ 型 $3A-B-C$ 型	$2A-B$ 型 $3A-2B$ 型 $A+B-C$ 型 $2A-2B+C$ 型 $3A-B-C$ 型

3.4.2　频率分配算例求解结果与分析

为分析本书研究的跳频通信系统频率分配方法的有效性,尤其是一般约束的权系数定义方法的效果,在频率分配求解代价函数的同时,详细记录了不同约束被破坏的数量,得到跳频通信系统频率分配的代价函数求解结果见表 3.9。

表3.9　频率分配代价函数求解结果

跳频方式	频率表长度	同址跳频子网数量		
		4	6	8
分频段	64	0 0/0/0	0 0/0/0	7.7963×10^{-9} 0/2.1/28.4
	128	0 0/0/0	1.5926×10^{-9} 0/3.3/51.0	6.7509×10^{-7} 1.1/7.7/81.6
	256	5.5638×10^{-10} 0/9.3/88.2	2.9599×10^{-7} 1.9/14.8/102.2	8.8678×10^{-7} 5.8/29.4/321.5
全频段	64	1.5232×10^{-8} 0/3.9/59.5	1.0138×10^{-7} 0/24.4/139 2.3	3.8491×10^{-5} 15.6/95.5/6 863.8
	128	7.9744×10^{-7} 1.3/8.0/458.9	8.7109×10^{-6} 14.2/88.9/4 137.3	3.3465×10^{-5} 54.5/399.4/28 394.5
	256	1.7746×10^{-6} 11.6/75.2/2 378.1	6.5360×10^{-6} 42.7/332.7/22 956.3	5.9101×10^{-5} 386.2/2 842.8/61 231.6

表 3.9 中,跳频子网数量 8、分频段跳频方式频率表长度为 64 时的数值:

7.7963×10^{-9}:表示频率分配的最终代价函数;

0/2.1/28.4:分别表示破坏邻道干扰约束(ω_5)和发射机基波干扰频率间隔约束(ω_6)的数量之和/破坏两个信号产生的互调干扰约束(ω_{72})的数量/破坏三个信号产生的互调干扰约束(ω_{73})的数量。

由表 3.9 中频率分配的计算机求解结果可以看出,随着跳频子网数量和跳频频率表长度的增加,频率分配的代价函数也不断增加,表明跳频通信系统的同址干扰越来越严重。同时可以看出,分频段跳频方式下的同址干扰明显少于全频段跳频方式,但这是以牺牲跳频通信的跳频增益为前提的。

对于破坏邻道干扰约束、同址频率间隔约束、破坏两个信号产生的互调干扰约束和破坏三个信号产生的互调干扰约束的权系数均设为 1,如式(3.40)。对于其余四个硬性约束的权系数设为 10^8,该权系数可以确保不产生破坏硬性约束的情况,如式(3.41)。

$$\omega_5' = \omega_6' = \omega_{72}' = \omega_{73}' = 1 \tag{3.40}$$

$$\omega_1' = \omega_2' = \omega_3' = \omega_4' = 10^8 \tag{3.41}$$

得到采用相同权系数的频率分配代价函数求解结果见表 3.10。为便于同书中采用不同权系数的频率分配方法的性能进行比较,在表 3.10 中进一步将该求解结果按照权系数 ω_5、ω_6、ω_{72} 和 ω_{73} 换算成产生同址干扰的概率。

表 3.10　相同权系数的频率分配代价函数求解结果

跳频方式	频率表长度	同址跳频子网数量		
		4	6	8
分频段跳频	64	0 0/0/0	0 0/0/0	7.3517×10^{-6} 3.0/7.2/10.4
	128	0 0/0/0	1.2684×10^{-7} 0.2/10.0/15.6	4.3477×10^{-6} 7.1/29.7/39.6
	256	1.9975×10^{-7} 1.3/23.2/35.0	8.8768×10^{-7} 5.8/44.6/68.3	2.8759×10^{-6} 18.8/121.4/182.9
全频段跳频	64	7.1493×10^{-6} 2.9/18.1/24.5	7.8311×10^{-5} 31.9/112.6/185.9	3.7678×10^{-4} 153.4/465.3/1 701.2
	128	9.7134×10^{-6} 15.9/18.6/24.1	9.0891×10^{-5} 148.6/403.2/762.7	3.9310×10^{-4} 631.2/16 456.1/8 394.8
	256	2.0609×10^{-5} 135.0/152.7/325.6	8.5232×10^{-5} 558.2/935.3/7 237.7	6.0540×10^{-4} 3 965.6/4 890.4/39 510.4

比较表 3.9 和表 3.10 的频率分配结果可以看出,对一般约束类型采取相同的权系数可以显著减少破坏约束的数量,但是其整体产生同址干扰的概率则显著增加。以同址干扰最严重的 8 个跳频子网、跳频频率表长度 $L=256$ 时全频段跳频的频率分配结果为例,对本书中方法和各一般约束采用相同权系数方法的频率分配性能进行比较,见表 3.11。

表 3.11　频率分配方法的性能比较

频率分配方法	破坏约束的数量	产生同址干扰的概率
本书方法	64 460.6(386.2 + 2 842.8 + 61 231.6)	5.9101×10^{-5}
相同权系数方法	48 366.4(3 965.6 + 4 890.4 + 39 510.4)	6.0540×10^{-4}

表 3.11 中,本书方法产生的破坏约束数量为 64 460.6,明显高于采用相同权系数的频率分配方法中破坏约束的数量 48 366.4。但是,当换算成产生同址干扰的概率时,书中方法频率分配的结果产生同址干扰的概率只有采用相同权系数方法频率分配结果产生同址干扰概率的约 10%,其频率分配结果明显优于采取相同权系数方法。分析频率分配结果中破坏约束的各个分量可以发现,本书中的方法有效降低了产生概率大的约束数量,虽然小概率约束被破坏的数量有明显增加,但就整体的频率分配的结果而言,可以有效降低跳频通信系统产生同址干扰的概率。同时,由表 3.9 和表 3.10 也可以看出,采用不同的权系数对"0-干扰"频率分配结果的情况没有影响,采用相同权系数的频率分配方法可以同样搜索到最优结果。

因此,本书中研究的空间受限跳频通信系统频率分配方法具有较好的寻优性能,可以有效降低跳频通信系统的同址干扰,解决跳频通信系统的频率分配问题。

▌ 小结

　　针对超短波地空跳频通信系统的特点和电磁兼容需求,本章分析了基于 GA、GA/SA、SA 算法的有约束天线三维布局优化方法和跳频通信系统频率分配方法,为同址跳频通信系统的天线布局优化和频率分配提供了一个有效的解决方法,有效提升空间受限跳频通信系统的安全组网性能。

第 4 章

基于天线隔离和带通滤波的跳频同址干扰抑制方法

跳频通信系统的同址干扰与射频系统性能紧密相关,本章介绍射频部分的跳频同址干扰抑制技术,详细介绍的天线隔离、带通滤波和射频限幅三种方法,结合地空跳频通信系统的特点,建立应用于地空跳频通信系统的射频分配模型。

4.1 基于天线隔离的同址干扰抑制技术

天线隔离度是描述不同种类射频通信系统同址(或邻址)运行时相互之间满足一定电磁兼容性要求的特殊概念,它是发射天线的发射增益与接收天线的接收增益以及两者之间电波传播损耗共同作用的结果。第 2 章中地空跳频通信系统同址干扰的分析结果表明增加天线隔离度可以减小本地接收机收到的同址干扰功率,缩短同址电台的收发频率间隔并减少互调干扰的数量,通常采用的天线水平隔离方式和垂直隔离方式如图 4.1 所示。

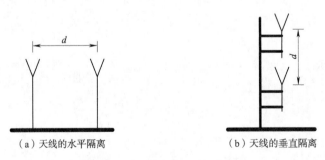

(a)天线的水平隔离   (b)天线的垂直隔离

图 4.1　天线隔离方式示意图

当同址的通信系统装配多部电台时,无法简单采用单独的水平隔离方式或者垂直隔离方式,必须综合考虑这两种天线隔离方式;很多情况下还需要结合其他方式和技术才能达到系统所需的天线隔离度。

4.1.1　多天线系统天线隔离的基本方法

在天线间距满足远场条件时,同址收发天线的隔离度可以按照 GJB 3624—1999《同站址干扰的评估方法》中天线隔离度 C 的计算方法进行计算。为便于分析,现将式(2.1)重写如下:

$$C = -27.6 + 20\lg f + 20\lg d + \sin^2\theta(-40 + 20\lg f + 20\lg d) \tag{4.1}$$

式中　f——工作频率,MHz;

　　　d——两天线间距离,m;

　　　θ——两天线相对位置的垂直角,(°)。

由式(4.1)进行计算,可以得到图 4.2 所示不同天线隔离方式时天线间距与天线隔离度的关系曲线。

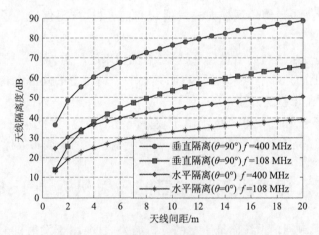

图 4.2　天线间距与隔离度的关系曲线

图 4.2 的计算结果清楚地表明相同天线间距时,垂直隔离方式可以获得明显高于水平隔离方式的天线隔离度。但是当同址的天线较多时,不可能简单地采用垂直隔离的方式解决同址干扰。一般情况下,按照超短波地空通信电台的使用要求,天线之间的相互距离应该在 15 m 以上,此时接收机邻近频道的干扰场强大大减弱,接收机本身的性能指标能把较强的带外信号抑制掉,达到消除干扰的目的。但实际使用中,很多情况下不具备这样的条件,因此需要系统讨论多天线系统的天线隔离方法。多天线系统的天线隔离方法主要分为天线布局设计方法和收发分离方法。

4.1.2　天线布局设计方法

传统的天线布局设计大多采用试探的方法,然后从多种天线布局中选取一种最优的方案。然而,对于复杂目标系统来说,如果要试算 M 种方案,那么整个优化过程要耗费很长时间;同时,采用试探的方法由于缺乏理论上的指导,往往试验了很多种方案后仍不能找到一个最好的方案。有文献提出基于遗传算法的天线布局优化设计方法以天线的几何位置参量为待优化的自变量,以所有天线对的整体隔离度为因变量,可以快捷而准确进行多天线系统的天线布局优化设计。

当通信平台空间受限、没有足够的空间布置多部天线时,则需要采用共用天线系统。利用天线的频率复用,多部通信电台共用一副天线,电台与天线之间串加滤波器、多路耦合器。这种方法减少了天线数量,可以在有限的空间内得到尽可能大的天线隔离度;但相邻频率必须满足一定的间隔且需要避免严重的发射机互调干扰问题。

4.1.3　天线收发分离技术

采用发射机和接收机分离的方法能极大增加天线的间距(可以达到几千米甚至十几千米),可以从根本上解决发射机基波干扰和杂散干扰问题,并很大程度上减少互调干扰的影响。可以从以下两个方面考虑采用收发分离技术来增加天线隔离度解决同址干扰问题:

(1)指挥所或机场指挥塔台(对空台)上只使用收信机,可以是多部电台只收不发,也可以是专门的集中收信机,而将集中发信机(或多部电台只发不收)集中置于远处的山上或高地,指挥所或机场指挥塔台使用遥控方式发射对空信号,这样不仅避免了干扰,而且也增强了指挥机关的安全。

(2)目前机场塔台上电台的数量越来越多,干扰越来越严重,而一般机场都有两个塔台,可以采取一个塔台上的几部电台只收不发,而另外一个塔台上的几部电台只发不收,从而实现收发分离,避免同址干扰的发生。

由于共用天线系统和收发分离技术属于硬件配置的范畴,因此本书中只用很少的篇幅进行介绍,而着重研究和使用第 3 章中的基于智能优化算法的天线布局优化设计方法。

4.2　基于大功率跳频滤波器的发射机互调干扰抑制方法

第 2 章中地空跳频通信系统同址干扰的分析结果表明,由于发射机射频的宽带特性,导致通常并不严重的发射机互调干扰在同址跳频电台数量较多时成为非常重要的同址干扰源,严重影响跳频通信系统的稳定性。因此,本节研究通过在发射机射频末端采用大功率跳频滤波器的方法来抑制同址干扰,特别是发射机互调干扰问题。

4.2.1　发射机大功率跳频滤波器的应用模式和性能需求

大功率跳频滤波器作为跳频通信发射系统终端的滤波器件可以在同址干扰抑制中起到重要作用,其应用模式如图 4.3 所示。

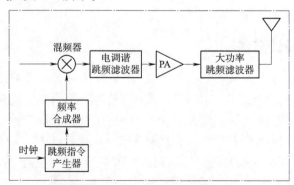

图 4.3　大功率跳频滤波器的应用模式

地空跳频通信电台的发射机带通滤波器可以有效地抑制射频功放的谐波辐射,但是由于其宽带特性,因此会导致严重的发射机互调干扰和杂散辐射。应用大功率跳频滤波器的主要目的在于通过减小发射机射频带宽的方法减少同址其他发射信号耦合到本发射机,从而达到抑制发射机互调干扰的目的。

在实际应用中,跳频滤波器主要有开关滤波器组、使用变容管调节滤波器电容和开关电容阵调节滤波器电容三种类型。

(1)开关滤波器组跳频滤波器。开关滤波器组跳频滤波器是指一组不同中心频率的带通滤波器由单刀多掷开关来实现中心频率的变换。开关滤波器组跳频滤波器的优点是滤波器性能好,不受频率变换影响,控制、设计和制造简单方便,理论上可以在任何频率范围内切换;缺点是滤波器结构复杂和小型化困难,导致通信中使用受到限制。

(2)变容管电调谐跳频滤波器。变容管电调谐跳频滤波器通过改变加在变容二极管上的电压改变变容管电容,从而改变滤波器中心频率实现跳频滤波。变容管电调谐跳频滤波器的优点是中心频率可以连续调节、设计简单、调试容易、体积小和成本低;缺点是由于变容二极管自身的 Q 值较低并且变容范围有限,当中心频率变高时滤波器的带宽会变宽,同时要达到窄带、低插损及中心频率有较宽的变化范围等都不容易。

(3)数字调谐跳频滤波器。数字调谐跳频滤波器是指用开关来改变带通滤波器中的部分电容以实现中心频率的变化的带通滤波器。数字调谐跳频滤波器的优点是工作频率较高、跳频速度较快、选频性能好、调谐精度高、体积小,可以满足无线通信设备中对滤波器要求指标高、性能稳定的需求;缺点是设计过程要求复杂且精细,对元器件参数要求较严格。

因此,现有的大功率跳频滤波器通常采用开关滤波器组跳频滤波器(腔体滤波器)或者数字调谐跳频滤波器。Pole-Zero、K&L、NETCOM 和 SENTEL 等均有性能优良的大功率跳频滤波器可用于跳频电台间同址干扰的抑制。

结合应用实例和超短波地空通信的需求,超短波地空跳频通信系统的发射机大功率跳频滤波器合理的性能参数见表4.1。

表4.1 典型超短波地空通信大功率跳频滤波器性能参数

参数名称	参数值
最大平均输入功率	60 W
插损	4 dB
3 dB 带宽	中心频率3%
30 dB 带宽	中心频率6%

4.2.2 大功率跳频滤波器的同址干扰抑制性能分析

在发射端,由于滤波器带宽较宽,使得发射信号的杂散辐射变得严重,会产生发射机宽带噪声和谐波干扰;同时,由于相邻的发射电台的频率变化,也使得在滤波器带宽内,耦合进大量的其他发射机的发射信号,从而相互作用形成互调干扰。

1. 发射机互调干扰抑制性能

在发射机增加大功率跳频滤波器以后,只有频率间隔较小的频率才可能形成进入到另一个发射机的射频功放,产生非线性互调,即受到如下公式的约束。

两个信号产生发射机互调干扰需要满足以下条件限制:

$$|f_A - f_B| < \frac{B_t}{2} \tag{4.2}$$

三个信号产生发射机互调干扰需要满足以下条件限制:

$$|f_A - f_B| < \frac{B_t}{2}, \quad |f_B - f_C| < \frac{B_t}{2}, \quad |f_C - f_A| < \frac{B_t}{2} \tag{4.3}$$

式中,B_t 为发射机射大功率跳频滤波器带宽。

跳频通信从跳频带宽来区分可以分为分频段跳频和全频段跳频,下面从这两个方面分析大功率跳频滤波器对发射机互调干扰的抑制性能。

(1)分频段跳频时的发射机互调干扰。当采用分频段跳频时,各频段之间通常有几赫兹到几十赫兹的频带间隔,这样频率表之间没有交叉,因而很容使各频点破坏式(4.2)和式(4.3)所要求的发射机互调干扰产生条件,所以分频段跳频方式时,大功率跳频滤波器结合有效的频率分配,几乎可以完全避免发射机互调干扰(特别是三个信号的互调干扰)。同时,由于接收机前端的电调谐跳频滤波器,采用分频段跳频时基本完全不存在互调干扰。

(2)全频段跳频时的发射机互调干扰。当采用全频段跳频时,系统内各电台的频点没有有明显间隔,因此同址发射机发射信号很有可能落入同址接收机的射频带宽内,此时如果多个干扰信号同时出现,且频率组合满足产生互调干扰的条件,就会形成接收机互调干扰。虽然此时通过科学的频率分配,可以一定程度上减少接收机互调干扰,但要达到完全避免互调干扰的难度明显增加。

同时,可以看出,采取分频段跳频方式可以有效抑制互调干扰,但这是以牺牲跳频增益为代价的。

2. 使用大功率跳频滤波器的缺点

采用大功率跳频滤波器带来的缺点主要在于其插入损耗较大。一般滤波器的插入损耗为 2 dB,跳频滤波器的插入损耗更大,通常为 3 ~ 4 dB。这意味着采用跳频滤波器时,约一半的发射功率被衰减了;同时,由自由空间传播损耗式($L_{free} = -32.45 + 20\lg f + 20\lg d$)可以看出,3 ~ 4 dB 的损耗意味着通信距离下降约30% ~ 37%。因此,这么大的衰减在某些时候是不能承受的。

大功率跳频滤波器在 108 ~ 400 MHz 频段上 3 dB 带宽的典型值为 3 ~ 12 MHz,因而对发射机杂散辐射的抑制能力有限。因此,使用大功率跳频滤波器可以明显减少发射机互调干扰,但是对其他类型的同址干扰抑制几乎没有什么效果。大功率跳频滤波器的研制开发难度大,而且成本非常高,因此一定程度上限制了其应用。

4.3　基于射频限幅器的阻塞干扰抑制方法

限幅器是一种功率调制器件,在小功率时,信号几乎无衰减地通过,但输入功率增大到一定值时,信号会产生很大衰减,此后输入功率继续增长,输出功率几乎保持恒定。针对地空跳频通信系统的现状和结合地空通信的特点,本书中采用射频限幅器达到完全抑制发射机基波信号引起的阻塞干扰。射频限幅器的应用如图 4.4 所示。

图 4.4　射频限幅器的应用示意图

由第 2 章的地空跳频通信系统参数模型可知，地空跳频通信电台的接收机灵敏度为 −110 dBm、接收机动态范围为 110 dB，计算得到接收机的饱和功率 $P_{\max}$（单位：dBm）为

$$P_{\max} = -110 + 110 = 0 \tag{4.4}$$

这种情况下，只要同址干扰信号的功率不大于 0 dBm 就能确保接收机不会产生阻塞干扰。地空通信中，地面的对空台和塔台的通信对象均为机载电台。因而，根据地空通信的特点可以合理假定机载电台与地面电台的通信距离不会小于 100 m。鉴于地面电台和机载电台的发射功率和通信距离的不同，可以根据地面电台接收到的机载台的功率合理设定限幅器的限幅电压。在 100 m 通信距离上，地面电台的接收到来自机载电台的最大有用信号功率 $P_{\text{r0max}}(f = 108$ MHz$)$ 为

$$P_{\text{r0max}} = P_{\text{t0}} - L_{\text{bft}} - L_{\text{ct}} + G_{\text{t}} - L_{\text{free}} + G_{\text{r}} - L_{\text{cr}} - L_{\text{l}} \tag{4.5}$$

式中　P_{r0max}——地面电台接收到来自机载电台的最大有用接收信号功率，dBm。

P_{t0}——机载台发射功率，dBm。

其余各参数的定义与式(2.1)一致。

由表 2.1 中地空同址跳频通信系统参数模型计算可以得到地面电台接收到来自机载电台的最大有用接收信号功率 P_{r0max}（单位：dBm）为

$$P_{\text{r0max}} = 41.76 - 0 - 1 + 2 - 48.22 + 2 - 1 - 1 = -5.46 \tag{4.6}$$

式(4.6)表明地面跳频电台通常不会接收到功率大于 −5.46 dBm 的有用接收信号。而接收机饱和功率为 0 dBm，这个功率大于最大可能的有用接收信号功率，因此只需在 −5.46 ~ 0 dBm 之间设置一个合理的限幅电压进行硬限幅就可以完全抑制接收机阻塞的产生，而对有用接收信号几乎不会产生影响。−5.46 dBm 和 0 dBm 对应的接收机跳频滤波器输入端的信号分别为 −2.46 dBm 和 3 dBm，对应的电压分别为 0.17 V 和 0.32 V，也是就说，只要在 0.17 ~ 0.32 V 设定一个限幅电压，就能完全避免接收机阻塞的产生，而对有用接收信号几乎不会产生任何影响。考虑一定的余量，将限幅电压设为 0.25 V（对应跳频滤波器的入口功率为 1 dBm）；设限幅器的带内插入损耗为 0.5 dB[108]，得到限幅后的接收功率与天线间距的关系如图 4.5 所示。

由图 4.5 可以看出，经过射频限幅后，可以在保证机载电台和对空台间距不小于 40 m 时，就能不影响信号正常接收，而这个通信距离是完全可以保证的。同时，由同址的对空台之间的接收信号功率可以看出，如果不采用射频限幅，当对空台天线间距小于 60 m 时且发射机信号落在同址电台的接收信道内时，就会产生接收机阻塞。而采用射频限幅后，就可以确保避免接收机阻塞的发生；0.5 dB 左右的插入损耗也不会对通信效果产生明显影响。因此，采用射频限幅器可以有效避免发射机基波干扰引起接收机阻塞，方法简单、效果明显。

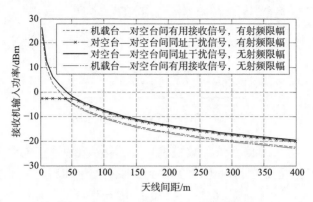

图 4.5　射频限幅后信号接收功率与天线间距关系图($f = 108$ MHz)

4.4　空间受限通信平台跳频同址干扰抑制的射频分配技术

　　天线隔离和带通滤波技术常用来抑制同址干扰,足够的天线间距能够有效解决同址干扰,带通滤波可以有效抑制带外同址干扰;但在空间严重受限的大型多天线系统(特别是舰载通信平台),则没有足够的空间满足天线隔离的要求,因此需要采用一个有效的方法来解决多部跳频电台同址装配的电磁兼容问题。Mike Maiuzzo 提出的射频分配技术(RFDS)为空间受限通信平台的跳频同址干扰抑制提供了一个比较理想的解决方法。本节详细分析射频分配技术的基本原理,通过设计超短波地空跳频通信多台同址的射频分配方法来解决地空跳频通信系统的同址干扰抑制问题。

4.4.1　基于射频分配的跳频同址干扰抑制技术

　　射频分配技术采用干扰分离抑制方法,综合使用梳状线线性放大合路器(CLAC)和梳状线限幅合路器(CLIC),将天线隔离和带通滤波的优点很好地综合在一起,对跳频同址干扰的抑制效果明显,原理如图 4.6 所示。在发射端,CLAC 能将多部跳频发射机连接在同一副天线上;在接收端,CLIC 能将多部跳频接收机连接在同一副天线上;CLAC 和 CLIC 中的带通滤波器组将多个跳频信号分离成不同的频率子带以抑制系统中的跳频同址干扰,特别是互调干扰问题。

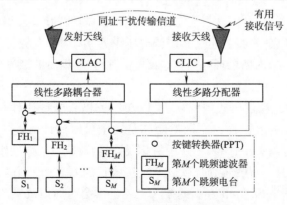

图 4.6　射频分配系统原理框图

1. CLAC

可以进行宽带射频通信的 CLAC 原理如图 4.7 所示。小功率射频信号从发射机出来后被送到输入带通滤波器组,然后发射信号进入放大器被放大到额定发射功率,该信号再通过输出带通滤波器组,最后由一个 N 个输入端和单个输出端的输出信号耦合器到达同一副天线发射出去。

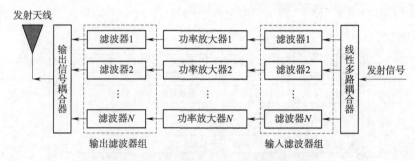

图 4.7　梳状线线性放大合路器原理框图

CLAC 通过三种方式达到在得到足够的射频功率的同时又满足减少发射机互调干扰的目的。

(1)采用输入和输出带通滤波器组降低互调干扰的产生。滤波器组包含多个带通滤波器,每个带通滤波器都占有一个足够小的带宽以便降低在通带内出现两个以上发射信号的概率。为了将信号的带宽全部包含在内,输入滤波器通带在 3 dB 点重叠起来,这样跳频发射信号就可以随时通过相应的滤波器滤波;同时,每个滤波器具有足够的滚降以避免在相邻通带内产生互调信号。输出滤波器组采用大功率滤波器,其通带设计和输入滤波器组完全一样。

输入滤波器组偶尔会产生两个射频信号被传送到同一个放大器,但是输出滤波器会抑制放大器产生的互调信号。这样小功率发射信号进入到输入滤波器组,然后由功率放大器放大,再经输出滤波器组滤波后,射频信号放大信号就经天线发射出去。

(2)CLAC 采用 A 类放大器将滤波后的发射信号放大到额定发射功率,由于 A 类放大器主要工作在偏置区和作用区,放大后的信号就比其他放大信号更具有线性,因而可以减少互调干扰的产生。

(3)CLAC 采用频率选择性功率放大器来减少互调干扰的数量。通常,射频功率放大器的性能会受到放大器的增益-带宽积限制。常规超短波电台上的射频功率放大器需要对 108 ~ 400 MHz 范围内射频信号进行放大,因而其增益不可能做得很高。在 CLAC 中由于采用输入、输出滤波器组,射频功率放大器只需对一个通带内的射频信号功率放大,射频功率放大器需要放大的信号带宽比较小,因而可以采用频率选择性功率放大器,这样既可得到较高的放大增益,又只放大一定频率的信号,从而达到减少互调干扰目的。

2. CLIC

CLIC 技术将多个跳频接收信号通过同一副天线接收,能够抑制由于在接收机前端的放大级和限幅级过载而造成的同址干扰,原理如图 4.8 所示。

CLIC 采用单个输入端和 N 个输出端的输入信号耦合器将接收天线上下来的信号耦合到

输入带通滤波器组。输入带通滤波器组的连续频带组成了接收机的所有带宽。每个输入带通滤波器连在限幅器上,限幅器的上限和接收机的接收功率上限相等。这样,限幅器就会减弱掉大功率干扰信号,避免干扰信号超出接收机前端电路的线性区;有用的小功率信号通过低噪声放大器得到放大。功率放大后的信号进入输出带通滤波器组,其频带和各项特性与输入带通滤波器组相同,可以滤除掉放大器产生的带外互调干扰信号。最后通过线性多路分配器,将输出信号送入到多部接收机的前端电路。

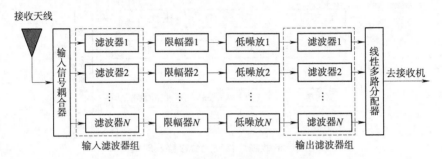

图 4.8　梳状线限幅合路器原理框图

CLIC 中的输入、输出带通滤波器组的频带设置和 CLAC 中完全一样,可以有效抑制接收机互调干扰的产生;大功率的发射机基波干扰信号由限幅器得到衰减;有用的跳频接收信号可以随时通过相应的滤波器进行滤波。

射频分配器不需要开关和控制电路,所以有用信号中不会存在开关信号,性能稳定可靠。CLAC 和 CLIC 中的带通滤波器、限幅器、功率放大器和低噪声放大器可以参照现有技术来设计,能够有效地抑制各种同址干扰(特别是互调干扰)、并保证跳频电台的正常通信。

3. 跳频滤波器

在引起同址干扰的电台射频和天线之间加装跳频滤波器可以有效地抑制带外同址干扰。射频分配系统中,每部电台仅需一个跳频滤波器、可以收发共用,使结构简单,并取得较好的性能。通过使用跳频滤波器可以达到减小带外基波干扰、发射机互调干扰对接收机的影响;同时,通过减少进入接收机信号的数量,达到有效抑制接收机互调干扰的目的。

4. 信号附加损耗的补偿

在跳频信号发射过程中,发射信号需要通过两个带通滤波器组、一个跳频滤波器、一个输出信号耦合器和一个线性多路耦合器;在接收过程中,接收信号需要通过两个带通滤波器组、一个跳频滤波器、一个限幅器、一个输入信号耦合器和一个线性多路分配器。滤波器组的插入损耗通常为 2 ~ 3 dB,跳频滤波器的插入损耗稍高,通常为 3 ~ 5 dB;同样,耦合器、分配器和限幅器也会对信号产生衰减。所以整个系统对射频信号的衰减将不小于 10 dB,这意味着将损失超过 90% 的射频功率,对于一般通信系统,这么大的功率损耗很难接受。在射频分配系统中通过选择 CLAC 中功率放大器和 CLIC 中低噪声放大器的增益就可以补偿附加损耗。

4.4.2　地空跳频通信系统的射频分配模型设计

为详细分析射频分配系统的设计方法,选取八部电台同址的地空跳频通信系统为例(主要参数见表 2.1），共用接收天线和发射天线的间距为 30 m，对超短波地空跳频通信电台同址干扰抑制的射频分配系统进行设计、并对性能进行分析与仿真。射频分配系统的设计主要在于带通滤波器组的带宽、信号附加损耗的补偿和限幅器的限幅门限值设计。

1. 带通滤波器组带宽设计

应用于射频分配系统 CLAC 和 CLIC 中的带通滤波器组需要对 108 ~ 175 MHz 和 225 ~ 400 MHz 频段的射频信号进行带通滤波器。因此，在 108 ~ 175 MHz 采用九个带宽为 8 MHz 的窄带滤波器，在 225 ~ 400 MHz 采用 22 个 8 MHz 带宽的窄带滤波器，如图 4.9 所示。要求各滤波器通带在 3 dB 点重叠起来，同时每个滤波器具有足够的滚降（即要求 30 dB 带宽尽可能小）。这样，跳频发射信号就可以随时通过相应的滤波器滤波，并可以避免在相邻通带内产生互调信号。

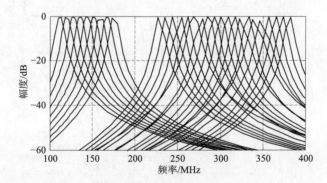

图 4.9　射频分配系统中带通滤波器组带宽设计

2. 功率放大器和低噪声放大器的增益选择

射频功率放大器和低噪声放大器的增益选择需要考虑射频分配系统对射频信号的附加损耗。对于跳频发射信号，其附加损耗主要来自两个带通滤波器组 6 dB、跳频滤波器 4 dB 和两个耦合器 4 dB，所以 CLAC 中的功率放大器需要约 14 dB 的放大增益对附加损耗进行补偿。对于跳频接收信号，其附加衰减主要为两个带通滤波器组 6 dB、跳频滤波器 4 dB、耦合器 2 dB 和分配器 2 dB，则 CLIC 中的低噪声放大器也需要约 14 dB 的放大增益对附加损耗进行补偿。

3. 限幅器限幅电压设计

按照表 2.1 中地空跳频通信系统的性能参数，计算可得 30 m 天线间距的同址干扰接收功率在 108 MHz 和 400 MHz 时分别为 2 dBm 和 −9 dBm，对应的干扰电平分别为 1.24 V 和 0.335 V。对于通常不小于 100 m 地空通信距离，其最大接收功率和电平（108 MHz）分别为 −15 dBm 和 0.027 V。因此限幅器的限幅电压略大于 0.05 V 即可，则设计限幅器的限幅电平约为 0.06 V（−11 dBm）。这样，限幅器对同址干扰信号具有 2 ~ 13 dB 的衰减，可以有效避免同址干扰信号超出接收机前端电路的线性区，同时不会对地空通信产生任何影响（−11 dBm 对应的通信距离为 60 m）。

4.4.3　性能仿真与分析

下面从分频段跳频和全频段跳频两种情况，采用计算机仿真来验证射频分配技术在跳频同址干扰抑制中的性能,并与未采用射频分频技术的同址地空跳频通系统的性能进行比较。跳频频段设计见表 4.2;同址干扰传输信道为莱斯信道,最大多径时延 23 ns;其余参数表 2.1。得到仿真结果如图 4.10 所示(仿真中的跳频通信系统模型在不受干扰时可以得到误码率约 10^{-4} 的通信效果)。

表 4.2　跳频频段设计

跳频带宽	跳频频段设计/MHz
分频段跳频	250 ~ 260,262 ~ 273,275 ~ 286,288 ~ 299,301 ~ 312,314 ~ 325,327 ~ 338,340 ~ 350
全频段跳频	250 ~ 350

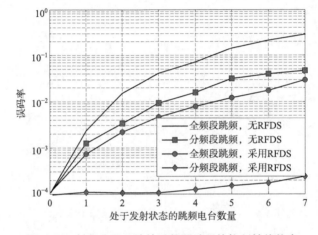

图 4.10　射频分配系统的跳频同址干扰抑制性能仿真

由图 4.10 可以看出,采用射频分配技术后,无论是全频段跳频还是分频段跳频,同址跳频通信系统的误码率性能得到很大的提升,特别是在分频段跳频方式下可以获得非常理想的通信效果,即便同址的其他七部电台都处于发射状态时,仍能获得优于 10^{-3} 的误码率性能。而不采用射频分配技术时,随着同址干扰发射机数量的增加,电台误码率急剧增加;特别是在全频段跳频方式下,当同址的跳频干扰发射机数量达到六部后其误码率就超过了 10^{-1} ,已经基本无法满足数据通信的要求。所以,采用射频分配技术可以有效抑制跳频同址干扰,提高跳频电台同址装配时通信的有效性和稳定性。

射频分配系统的性能和带通滤波器组的设计有关。在实际使用中也可以只使用一个输入滤波器、一个功率放大器和一个输出滤波器,但这会在减少元器件的同时导致整个系统在抑制互调干扰上的功能降低。CLAC 和 CLIC 中的单个带通滤波器带宽越小射频分配系统的性能就越好,但是系统复杂度会不断增加。因此,射频分配系统的实际应用需将性能提升和复杂度进行综合考虑。

跳频同址干扰严重影响着在一个通信平台上同时使用多部跳频电台。通过合理设计输入输出带通滤波器组的带宽、限幅器的限幅电压和功率放大器与低噪声放大器的增益,射频分配技术可以有效抑制跳频通信系统的同址干扰,为空间受限的通信平台同时装配和使用多部跳频电台提供了一个很好的解决方案,对提高电磁频谱管理能力也有着积极意义。

▌ 小结

　　本章从通信系统天线隔离和带通滤波两个方面分析了跳频通信系统的同址干扰抑制方法,针对地空跳频通信系统的特点详细介绍了采用大功率跳频滤波器和射频限幅器进行发射机互调干扰和接收机阻塞干扰的抑制方法,结合 RFDS 技术对地空跳频通信系统同址干扰抑制的射频分配方法进行了分析和实验仿真。

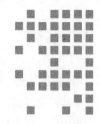

第 5 章
导频辅助自适应宽带跳频
同址干扰抵消技术

　　自适应同址干扰抵消技术可以用于解决同址收发信机的隔离问题。由于跳频同址干扰的宽带特性和同址干扰传输信道的频率选择性衰落特性,因此对自适应宽带跳频同址干扰抵消提出了更高要求,本书系统分析模拟方式实现的自适应宽带跳频同址干扰抵消方法。

5.1　自适应同址干扰抵消系统基本原理

　　自适应同址干扰抵消器是自适应滤波准则的一种具体应用,只需要很少(或根本不需要)有关信号和干扰的先验知识,依据某一准则通过不断调整自身参数,就可以达到消除同址干扰的目的。要完全抵消发射机的干扰信号是不可能的,但是只要将干扰信号电平抑制到接收机前端电路的正常工作范围以内,接收机的选择性就能从频率上区分有用信号和干扰信号,从而实现正常通信。

　　传统的自适应同址干扰抵消器采用模拟方式实现的,功能框图如图 5.1 所示。

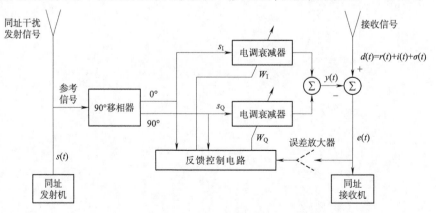

图 5.1　模拟自适应同址干扰抵消系统结构图

图 5.1 表明,基于模拟方式实现的自适应同址干扰抵消系统主要包括宽 90°移相器(即带正交网络)、电调衰减器、反馈控制电路(即相关控制)、宽带放大器、耦合器等。为了抵消干扰信号,必须对发射机的取样信号同时进行幅度和相位的自适应控制。考虑到可实现性和控制精度,通常采用正交向量合成方法来实现幅度和相位控制。图 5.1 上的 90°移相器用来产生正交信号,衰减器控制两正交信号的大小,权系数 W_I、W_Q 由反馈电路供给。

误差信号 $e(t)$ 为天线输入信号 $d(t)$(包括有用信号 $r(t)$、同址干扰信号 $i(t)$ 和噪声 $\sigma(t)$)与两路衰减器输出信号合成的控制信号 $y(t)$ 之差,即

$$e(t) = d(t) - y(t) \tag{5.1}$$

希望得到最优的干扰抵消性能,即要求 $e(t)$ 最小。因此,从误差控制角度来说,自适应反馈系统可以根据最小均方误差(LMS)准则工作,即要求误差信号的均方值最小。系统最终的稳定状态为

$$\frac{\partial e^2}{\partial W_\text{I}} = \frac{\partial e^2}{\partial W_\text{Q}} = 0 \tag{5.2}$$

满足这一准则的两个相关器权系数 W_I、W_Q 的作用方程为

$$W_\text{I}(t) = W_\text{I}(0) + 2k \int_0^T s_\text{I}(t) e(t) \, dt \tag{5.3}$$

$$W_\text{Q}(t) = W_\text{Q}(0) + 2k \int_0^T s_\text{Q}(t) e(t) \, dt \tag{5.4}$$

自适应同址干扰抵消系统是一闭环控制系统,在一些假设的理想条件下,可以得到它的环路方程。通常用干扰抵消比来评价干扰抵消方法的性能,干扰抵消比的物理意义是抵消后残余干扰信号 $\hat{i}(t)$ 的平均功率与输入干扰信号 $i(t)$ 的平均功率的比值。定义 t 时刻的干扰抵消比 $\text{CR}(t)$(进行统计平均)为

$$\text{CR}(t) = \frac{P_0}{P} = \frac{E[\hat{i}(t)\hat{i}^*(t)]}{E[i(t)i^*(t)]} \tag{5.5}$$

对于仅有一个干扰信号的情况,若干扰信号为 $s(t) = s_0(t)\exp(j\varphi)$,接收天线接收的同址干扰信号为 $K_x s(t)\exp(-j\beta)$,K_x 为传输衰减,β 为传输相移,参考信号则为 $K_\text{A} s(t)$,同时考虑系统中白噪声 $\sigma(t)$ 且与 $s(t)$ 无关,干扰抵消比为

$$\text{CR} = \frac{(K_x^2 + K_\text{A}^2)\xi_\text{s} + 1}{(K_x^2 \xi_\text{s} + 1)(K_\text{A}^2 \xi_\text{s} + 1)} \tag{5.6}$$

式中,ξ_s 为干扰信号 $s(t)$ 与系统热噪声 $\sigma(t)$ 的功率之比。

$$\xi_\text{s} = \frac{P_\text{s}}{P_\sigma} = \frac{E[s(t)s^*(t)]}{E[\sigma(t)\sigma^*(t)]} \tag{5.7}$$

图 5.1 中的单抽头自适应同址干扰抵消系统应用于窄带定频通信系统时,可以取得较好的同址干扰抑制技术效果。实际无线信道通常具有多径的特点,同址干扰的无线传输信道也不例外。因此,由于跳频同址干扰的宽带特性和同址干扰传输信道的频率选择性衰落特性,导致传统的模拟单抽头自适应同址干扰方法不能直接应用,必须对此进行改进,才能达到有效抑制宽带跳频同址干扰的目的。

5.2　跳频同址干扰的信道传输模型和宽带特性

在同址干扰中,如果忽略信道传输函数,那么被干扰接收机接收到的同址干扰信号也应是一纯的同频调制信号;将信道看作一个传输网络时,它会使同址干扰信号的强度和相位均产生变化。因此,同址干扰传输信道的频率选择性衰落特性对自适应跳频同址干扰抵消提出了新的要求。同址干扰传输信道如图5.2所示。

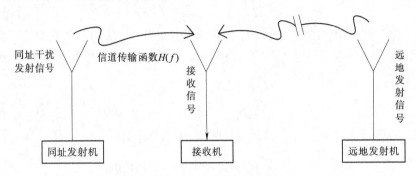

图5.2　同址干扰传输信道示意图

5.2.1　同址干扰信道传输模型

实验表明两天线间的传输信号因为多径环境和特定天线的可变性,同址干扰的多径时延存在0 ~ 23 ns的变化范围。因此,同址干扰的传输信道为一个长脉冲响应的多径信道,信道的脉冲响应包含了多种成分。被干扰接收机输入端的同址干扰信号由一个直射干扰信号和多个多径信号组成。如果通信平台安装在飞机、舰船或者机动车辆等平台上,由于天线摇摆、电台附近反射面移动等因素造成信道中多径信号的数量、幅度和时延也不断变化,导致信道传输函数的参数随时间发生变化而具有时变特性。

借鉴对超短波30 ~ 88 MHz频段同址干扰信道传输模型的分析方法,对超短波地空通信频段同址干扰信道传输模型作如下合理考虑:

(1)对多径信道模型进行时间离散化;

(2)假设反射为镜面反射,多径信号幅度的衰减仅与传播路径的长度、反射系数等因素有关;

(3)各多径分量相位的变化仅随传播时间变化。

假定跳频电台发射信号为$s(t)$,则被干扰接收机接收到的同址干扰信号$i(t)$为

$$i(t) = \sum_{i=1}^{N} a_i s(t + \tau_i) \tag{5.8}$$

式中,N为多径数量;a_i为第i路多径的复数增益;τ_i为不同路径的时延。

同址干扰传输信道的脉冲响应为

$$h(n) = \sum_{i=0}^{N} a_i \delta(n + \tau_i) \tag{5.9}$$

假定多径数量为7,多径时延在0 ~ 23 ns内随机生成,得到108 ~ 400 MHz频段的同址

干扰传输信道的脉冲响应示意图如图 5.3 所示。

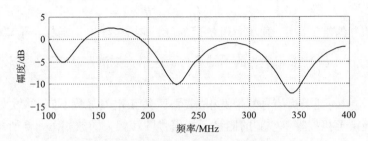

图 5.3　同址干扰多径信道的脉冲响应示意图

图 5.3 表明虽然同址干扰的无线传输距离很短,但是多径效应依然导致同址干扰传输信道具有频率选择特性衰落,因而在自适应同址干扰抵消中如果忽略同址干扰传输信道这一特性,实际干扰抵消效果将受到影响。

5.2.2　跳频同址干扰的宽带特性

在发射机发射信号频谱上,杂散的寄生调制作用使纯净的窄带信号频谱形成相对中心频率向两边展宽的包络,主信号幅度下降,信号频谱展宽。杂散引起同址干扰的宽带特性如图 5.4 所示。

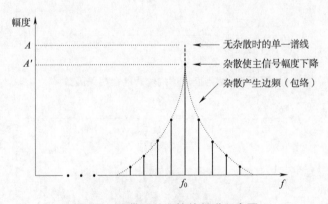

图 5.4　宽带同址干扰的频谱示意图

由此得到跳频同址干扰信号的两个特点:

(1)跳频同址干扰信号是一个宽带信号,其频谱扩展至距离载频 f_0 数兆赫的地方。频带宽度由带外抑制比 ICR 和发射机跳频滤波器带宽共同决定;本书研究中,假定经过发射机跳频滤波器滤波后的跳频同址干扰信号带宽为 4 MHz。

(2)同址干扰信号虽然是一个宽带信号,但是其绝大部分的功率都集中在载频 f_0 两侧几十千赫的主信号范围内。

对于一给定的参考信号 s,功率谱密度为 $S_s(f)$,用傅里叶逆变换 $F^{-1}\{\}$ 可以得到与之相应的时域自相关函数 $R_s(\tau)$,即

$$R_s(\tau) = F^{-1}\{S_s(f)\} \tag{5.10}$$

参考信号 s 和被干扰接收机处的同址干扰信号 i 间的互相关可以从参考信号的自相关

和同址干扰信道传输函数的脉冲响应相卷积得到,即

$$R_{\mathrm{si}}(\tau) = R_{\mathrm{s}}(\tau) * h(\tau) \tag{5.11}$$

如果干扰信号的带宽很窄,则相对于信道的脉冲响应,自相关函数会下降得很慢。在这种情况下,$\hat{R}_{\mathrm{si}}(\tau) \approx R_{\mathrm{s}}(\tau)$,采用适当的单抽头自适应干扰抵消器就能够得到较好的干扰抵消性能。

但是,由于跳频同址干扰信号的带宽很宽,因而其互相关函数下降很快,如图 5.5 所示。参考信号和本地被干扰接收机收到的同址干扰信号的互相关函数如图 5.6 所示,说明脉冲响应函数发生了延迟。

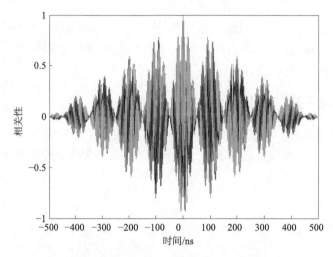

图 5.5 宽带同址干扰信号的自相关函数

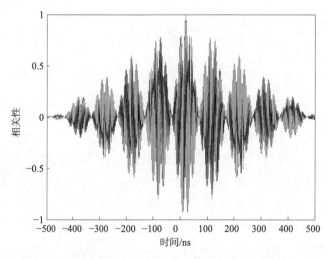

图 5.6 参考信号和天线接收同址干扰信号的互相关函数

在这种情况下,当互相关函数 $\hat{R}_{\mathrm{si}}(\tau)$ 和同址干扰信道传输函数 $h(\tau)$ 很好地匹配时,自适应干扰抵消器才能具有较好的干扰抵消效果。因而,此时直接采用图 5.1 所示的单抽头自适

应同址干扰抵消系统将无法获得一个理想的干扰抵消性能。

　　模拟方式实现的自适应干扰抵消器中,作为参考信号的射频信号的获取是个很大的问题。由于相关器、时延单元以及系数调整等均采用模拟电路,基于目前的技术,每一阶至少需要比滤波器输出端强 12dB 的参考信号功率。由于参考信号是从发射天线中耦合得到的,增加滤波器阶数带来的一个副作用就是减小了天线的有效发射功率。当滤波器阶数增加较多后,这种情况就显得不可行。因此,对于模拟时延滤波器结构,几乎是强迫性地要求使用尽量少的滤波器阶数。

5.3　导频辅助自适应宽带跳频同址干扰抵消方法

　　针对跳频同址干扰的宽带特性和同址干扰传输信道的频率选择性衰落特性,Anthony M. Kowalski 提出在图 5.1 所示的自适应同址干扰抵消器的参考输入端增加一个信道估计模块,从而实现导频辅助自适应宽带跳频同址干扰抵消。

5.3.1　导频辅助自适应宽带跳频同址干扰抵消原理

　　跳频周期内的时间关系如图 5.7(a)所示。由于跳频信号的一个周期内存在着这样几个时间区分,Anthony M. Kowalski 根据跳频信号的这一特点,采取在跳频信号的无输出功率时间内发射导频进行同址干扰传输信道的估计(导频周期如图 5.7(b)所示),提出模拟方式下实现的导频辅助自适应宽带跳频同址干扰抵消方法,基本结构如图 5.8 所示。

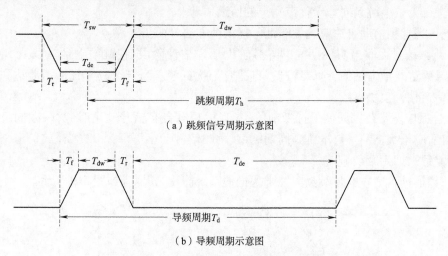

(a)跳频信号周期示意图

(b)导频周期示意图

图 5.7　跳频信号和导频的周期示意图

　　图 5.7 中,T_{sw} 为跳频切换时间,T_{dw} 为跳频驻留时间,T_r 为功率下降时间,T_{de} 为无输出功率时间,T_f 为功率上升时间,T_h 为跳频周期(T_h 等于跳频切换时间 T_{sw} 与跳频驻留时间 T_{dw} 之和),T_d 为导频周期。

　　图 5.8 中,s 为本地发射机的发射信号,g 为导频信号,d 为有用接收信号 r 叠加同址干扰信号 i 后的抵消器输入信号,σ 为信道噪声,e 为误差信号,也是干扰抵消系统输出,D 为固定时延单元,用以匹配同址干扰传输路径引起的固定时延(直射波的传输时延)。

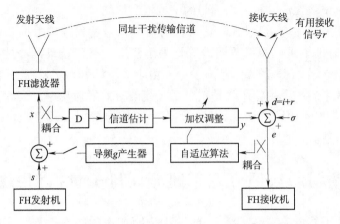

图 5.8　导频辅助自适应宽带跳频同址干扰抵消器结构

在跳频电台"无输出功率"期间,导频产生器在下一时刻的跳频信号带宽上产生一个宽带测试导频。导频产生后进入发射天线,经过同址干扰传输信道到达接收天线,这样导频将经历与真实的跳频同址干扰信号几乎一样的时延和幅度变化。通过自适应干扰抵消器前的信道估计模块估计该带宽上的时延和幅度变化,一旦该导频达到最大的抵消状态,就表明信道估计模块完成了该带宽上的时延和幅度变化的估计,将它存储便可以用于抵消跳频同址干扰。一旦对于指定频率自适应干扰抵消的信道估计完成,该导频发生器就会关闭;待跳频信号发射时,即可进行宽带跳频同址干扰信号的自适应抵消;等本跳频周期结束后,再次发射导频,进行下一个跳频同址干扰带宽上的信道估计。

因此得到导频辅助自适应跳频同址干扰抵消方法分两步实现:

(1)跳频信号无输出功率期间的导频辅助信道估计阶段:在跳频电台"无输出功率"期间,发射导频进行信道估计,对导频进行自适应干扰抵消。当自适应干扰抵消器达到稳定状态,固定信道估计模块参数。

(2)自适应宽带跳频同址干扰抵消阶段:当跳频电台有信号输出时,对跳频同址干扰信号进行自适应干扰抵消。待本跳频周期结束、跳频信号功率下降为 0 时,释放信道估计模块被固定的参数,回到第(1)步。

导将频辅助自适应宽带跳频同址干扰抵消系统简化,其原理如图 5.9 所示。

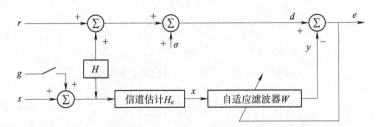

图 5.9　导频辅助自适应宽带跳频同址干扰抵消系统原理

1. 导频辅助的信道估计阶段

在导频训练阶段,跳频信号无输出功率,导频的自适应干扰抵消方程为

$$GH_{e\_opt}W_{g\_opt} = GH \tag{5.12}$$

式中,W_{g_opt} 为导频自适应干扰抵消的维纳解。

此时的信道估计模块传输函数 H_{e_opt} 为

$$H_{e\_opt} = \frac{GH}{GW_{g\_opt}} \tag{5.13}$$

当导频训练完毕,选择干扰抵消效果最好时的信道估计模块传递函数 $H_{e\_opt}^*$。

2. 自适应宽带跳频同址干扰抵消阶段

当跳频电台结束无输出功率时期,开始输出信号时,进行自适应宽带跳频同址干扰抵消。自适应干扰抵消器的参考输入信号 x 的自相关函数为

$$R_{xx} = H_{e\_opt}^* R_{ss} H_{e\_opt}^* \tag{5.14}$$

参考输入信号 x 和同址干扰信号 d 的互相关函数为

$$R_{xd} = H_{e\_opt}^* R_{ss} H \tag{5.15}$$

由此得到自适应干扰抵消器的维纳转移函数 W_{opt} 为

$$W_{opt} = \frac{R_{xd}}{R_{xx}} = \frac{H_{e\_opt}^* R_{ss} H}{H_{e\_opt}^* R_{ss} H_{e\_opt}^*} = \frac{H}{H_{e\_opt}^*} \tag{5.16}$$

图 5.1 表明自适应干扰抵消器的权系数 W 表示为

$$W = W_I + jW_Q \tag{5.17}$$

当 H 和 $H_{e\_opt}^*$ 具有线性关系时,干扰抵消器的权系数可以较好地表示为

$$W_{opt} = \frac{|H(f_k)|}{|H_{e\_opt}^*(f_k)|}\exp(j\Delta\theta) \tag{5.18}$$

式中,f_k 为同址干扰带宽内的某个频率;$\Delta\theta$ 为 H 和 H_e 的相位差。

当 H 和 $H_{e\_opt}^*$ 不具有线性关系时,自适应干扰抵消器的权系数只能近似表示为式(5.18),因而影响了自适应干扰抵消的性能。

导频辅助自适应宽带跳频同址干扰抵消的优点是在模拟方式下实现采用单抽头自适应宽带跳频同址干扰抵消,结构简单,实现容易。该方法的重要内容是导频辅助的信道估计方法,直接影响干扰抵消器的性能。

5.3.2 基于幅频倾斜均衡的信道估计方法

导频辅助自适应宽带跳频同址干扰抵消中最重要的部分是信道估计的性能。信道估计效果直接影响宽带跳频同址干扰抵消的效果。幅频倾斜均衡结合时延网络的方法可以比较简单地实现自适应宽带跳频同址干扰抵消的信道估计。

在跳频电台"无输出功率"期间,通过一跳频信号产生器在下一个跳频信号载频 f_k 处产生一个低电平信号,低电平信号与一个频率为 Δf 的正弦信号相乘,得到用以信道估计的导频 $g(t)$。因而导频 $g(t)$ 为下一时刻跳频信号载频 $\pm\Delta f$ 处的两条谱线。导频 $g(t)$ 的表达式为式(5.19),频谱如图 5.10(b)所示。

$$g(t) = \sqrt{2S_d}\,\varepsilon_g\cos(2\pi\Delta ft)\cos(2\pi f_k t)$$
$$= \frac{\sqrt{2S_d}}{2}\varepsilon_g\{\cos[2\pi(f_k+\Delta f)t] + \cos[2\pi(f_k-\Delta f)t]\} \tag{5.19}$$

式中，S_g 为导频功率，ε_g 为导频的幅度包络，Δf 为导频调制频偏，f_k 为第 k 跳的信号频率。

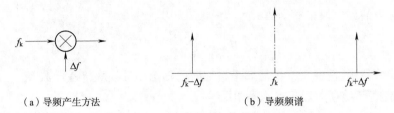

（a）导频产生方法　　　　　　（b）导频频谱

图 5.10　导频产生方法和频谱

为方便下文叙述，记

$$f_- = f_k - \Delta f(\omega_- = 2\pi f_-) \tag{5.20}$$

$$f_+ = f_k + \Delta f(\omega_+ = 2\pi f_+) \tag{5.21}$$

信道估计模块包括幅频倾斜均衡网络和时延估计网络两个部分，如图 5.11 所示。

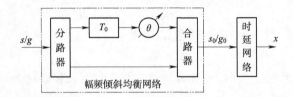

图 5.11　导频辅助自适应宽带跳频同址干扰抵消的信道估计模块

幅频倾斜均衡用于估计频率选择性衰落导致的信号幅度变化，传递函数为

$$H(j\omega) = \frac{1 + e^{-j(\omega T_0 - \theta)}}{2} \tag{5.22}$$

式中，T_0 为一个大于最大多径时延扩展的固定值，θ 为相移。

时延网络用于估计多径导致的信号时延变化：

$$x(t) = g_0(t - \Delta t) \tag{5.23}$$

式中，Δt 为时延。

信道估计模块的信号传递关系如下：

$$
\begin{aligned}
G_0(j\omega) &= F[g(t)]H(j\omega) \\
&= \frac{\sqrt{2S_d}\,\varepsilon_g \pi}{2}[\delta(\omega - \omega_+) + \delta(\omega + \omega_+) + \delta(\omega - \omega_-) + \delta(\omega + \omega_-)]H(j\omega) \\
&= \frac{\sqrt{2S_d}\,\varepsilon_g \pi}{2}[\delta(\omega - \omega_+) + \delta(\omega + \omega_+)]H(j\omega_+) + \\
&\quad \frac{\sqrt{2S_d}\,\varepsilon_g \pi}{2}[(\omega - \omega_-) + \delta(\omega + \omega_-)]H(j\omega_-)
\end{aligned}
$$

$$\tag{5.24}$$

$$g_0(t) = F^{-1}[G_0(\mathrm{j}\omega)] = \frac{\sqrt{2S_\mathrm{d}}\,\varepsilon_\mathrm{g}}{2}\cos\left(\frac{\theta - 2\pi f_+ T_0}{2}\right)\cos\left(2\pi f_+ t + \frac{\theta - 2\pi f_+ T_0}{2}\right) +$$
$$\frac{\sqrt{2S_\mathrm{d}}\,\varepsilon_\mathrm{g}}{2}\cos\left(\frac{\theta - 2\pi f_- T_0}{2}\right)\cos\left(2\pi f_- t + \frac{\theta - 2\pi f_- T_0}{2}\right) \tag{5.25}$$

$$x(t) = \frac{\sqrt{2S_\mathrm{d}}\,\varepsilon_\mathrm{g}}{2}\cos\left(\frac{\theta - 2\pi f_+ T_0}{2}\right)\cos\left[2\pi f_+ (t - \Delta t) + \frac{\theta - 2\pi f_+ T_0}{2}\right] +$$
$$\frac{\sqrt{2S_\mathrm{d}}\,\varepsilon_\mathrm{g}}{2}\cos\left(\frac{\theta - 2\pi f_- T_0}{2}\right)\cos\left[2\pi f_- (t - \Delta t) + \frac{\theta - 2\pi f_- T_0}{2}\right] \tag{5.26}$$

针对同址干扰信道传输特性：

（1）在导频的信道估计时间内，对相移 θ 采取 4 bit 的数字控制，即 θ 的值存在 16 个状态（$\theta = n \times 2\pi/16, n = 0,1,2,3,\cdots,15$）。

（2）根据实验测试得到的多径时延范围 0~23 ns，$T_0 = 40$ ns；信道估计中采用 3 bit 时延网络，即时延 Δt 依次为 0 ns、4 ns、8 ns、12 ns、16 ns、20 ns、24 ns 和 28 ns。

（3）跳频同址干扰带宽为 4 MHz，调制频偏 $\Delta f = 2$ MHz。

在跳频电台"无输出功率"时间。导频产生器持续发射导频，信道估计系统依次扫描每个时延 Δt 和每个相移 θ［总共存在 $8 \times 16 = 128$（个）状态］，并同时进行导频的自适应干扰抵消，保存下干扰抵消性能最好的时延和相移设置。信道估计的最优时延 Δt^* 和相移 θ^* 定义为干扰剩余电平最低时的相移和时延，即

$$|e(\Delta t^*, \theta^*)| = \min\{E(e(\Delta t, \theta)e^*(\Delta t, \theta))\} \tag{5.27}$$

当扫描完所有的 128 个状态就得到信道估计的最优时延 Δt^* 和相移 θ^*。跳频电台有信号输出时，将信道估计模块调整至所保存的最佳设置，即可进行自适应宽带跳频同址干扰抵消。

由于导频表征了宽带干扰特性，只能在匹配的时延和幅度变化下才能得到较好的干扰抵消性能。导频功率设计为跳频发射机射频功率的 0.01%，则导频的有效通信距离约为跳频电台有效通信距离的 1%。同时，导频只是一个伪宽带的低电平信号，并非真正的宽带信号，因此导频产生的副作用很小。

5.3.3　性能分析

当多径效应引起的频率选择性衰落凹口（凸点）在 $[f_-, f_+]$ 外，幅频倾斜均衡方法是估计这种畸变的简单而有效的手段，这时幅频倾斜均衡方法可以较好地模拟因频率选择性衰落引起的幅频变化。幅频倾斜均衡方法的缺点在于其无法均衡凹口（凸点）频率落在信号通带内所引起的二次畸变。因此，下面从频率选择性衰落凹口（凸点）在 $[f_-, f_+]$ 外和在 $[f_-, f_+]$ 之间两种情况，分别分析基于幅频倾斜均衡的导频辅助自适应宽带跳频同址干扰抵消方法的性能。

由式（5.25）得到，导频通过幅频倾斜均衡网络后，在频率 f_- 和 f_+ 处的幅度分别为

$$f_- \text{处的幅度：} |H_e(f_-)| = \left|\frac{\sqrt{2S_\mathrm{d}}\,\varepsilon_\mathrm{g}}{2}\cos\left(\frac{\theta - 2\pi f_- T_0}{2}\right)\right|$$

$$f_+ \text{处的幅度}: |H_e(f_+)| = \left| \frac{\sqrt{2S_d}\,\varepsilon_g}{2} \cos\left(\frac{\theta - 2\pi f_+ T_0}{2}\right) \right|$$

假定导频经过信道的频率选择性衰落后,在 f_- 和 f_+ 处的幅度分别为 $|H(f_-)|$ 和 $|H(f_+)|$,则最优的幅度倾斜均衡结果为

$$\frac{|H(f_-)|}{|H_e(f_-)|} \approx \frac{|H(f_+)|}{|H_e(f_+)|} \tag{5.28}$$

$$\frac{|H(f_+)|}{|H(f_-)|} \approx \frac{|H_e(f_+)|}{|H_e(f_-)|} = \frac{\left| \cos\left(\dfrac{\theta - 2\pi f_k T_0 - 2\pi \Delta f T_0}{2}\right) \right|}{\left| \cos\left(\dfrac{\theta - 2\pi f_k T_0 + 2\pi \Delta f T_0}{2}\right) \right|} \tag{5.29}$$

由式(5.28)和图5.3可以看出,频率选择性衰落凹口(凸点)与 $[f_-,f_+]$ 的关系如下:

(1)当 $|H(f_-)| > |H(f_+)|$ 或 $|H(f_-)| < |H(f_+)|$ 时,频率选择性衰落凹口(凸点)在 $[f_-,f_+]$ 之外;

(2)当 $|H(f_-)| \approx |H(f_+)|$ 时,频率选择性衰落凹口(凸点)在 $[f_-,f_+]$ 之间。

1. 频率选择性衰落凹口(凸点)在 $[f_-,f_+]$ 外时

频率选择性衰落凹口(凸点)在 $[f_-,f_+]$ 外时,通过计算机仿真得到图5.12所示的幅频倾斜效果和 θ 的关系,表明随着 θ 的变化,幅频倾斜效果具有单一值与其对应。通过自适应干扰抵消,选取相应的最佳幅频倾斜均衡效果,即完成频率选择性衰落的幅度变化估计。此时,幅频倾斜均衡方法得到的均衡特性与实际的信道频率选择特性虽然具有一定的误差,但依然具有较好的线性关系,因而自适应干扰抵消器可以获得较好的干扰抵消效果。

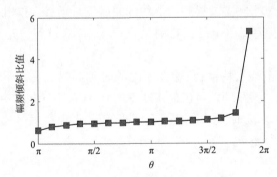

图5.12 θ 与幅频倾斜效果的关系(凹口在 $[f_-,f_+]$ 外)

2. 频率选择性衰落凹口(凸点)在 $[f_-,f_+]$ 之间时

当频率选择性衰落凹口(凸点)在 $[f_-,f_+]$ 之间,有以下关系:

$$\frac{|H(f_+)|}{|H(f_-)|} = \frac{|H_e(f_+)|}{|H_e(f_-)|} = \frac{\left| \cos\left(\dfrac{\theta - 2\pi f_k T_0 - 2\pi \Delta f T_0}{2}\right) \right|}{\left| \cos\left(\dfrac{\theta - 2\pi f_k T_0 + 2\pi \Delta f T_0}{2}\right) \right|} \approx 1 \tag{5.30}$$

$$\left| \cos\left(\frac{\theta - 2\pi f_k T_0 - 2\pi \Delta f T_0}{2}\right) \right| \approx \left| \cos\left(\frac{\theta - 2\pi f_k T_0 + 2\pi \Delta f T_0}{2}\right) \right| \tag{5.31}$$

$$\left|\cos\left(\frac{\theta+\pi-2\pi f_k T_0-2\pi\Delta f T_0}{2}\right)\right|=\left|\cos\left(\frac{\pi}{2}+\frac{\theta-2\pi f_k T_0-2\pi\Delta f T_0}{2}\right)\right|$$
$$=\left|\cos\left(\frac{\theta-2\pi f_k T_0-2\pi\Delta f T_0}{2}\right)\right|\qquad(5.32)$$

因为 $2\pi\Delta f T_0$ 为定值,由式(5.31)得到

$$\frac{\theta-2\pi f_k T_0}{2}\approx\frac{m}{2}\pi(m\text{ 为整数})\qquad(5.33)$$

导频辅助的信道估计方法仅关注频率 f_- 和 f_+ 处的均衡效果,而对跳频信号载频 f_k 处没有一个准确的估计。由于 θ 的取值范围为 $0\sim 2\pi$,式(5.32)表明导频在相移 θ 和相移 $\theta+\pi$ 处具有相近的均衡效果。幅频倾斜网络在下一时刻跳频信号载频 f_k 处的幅频倾斜均衡值为 $\cos[(\theta-2\pi f_k T_0)/2]$,式(5.33)表明这个值约等于 0 或者 1。因而,此时幅频倾斜效果随着相移 θ 的变化,不再具有单一对应特性,如图 5.13 所示。在不同的 θ 值处,存在相近的幅频倾斜效果。但是这两种均衡结果在跳频信号载频 f_k 处的均衡效果是截然不同的,分别是针对幅频倾斜均衡值为 0 和 1 的地方。选取相应的最佳幅频倾斜均衡效果时就可能存在两种截然不同的结果。

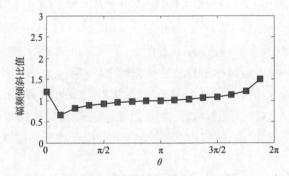

图 5.13　θ 与幅频倾斜效果的关系(凹口在 $[f_-,f_+]$ 之间)

假定频率选择性衰落的曲线如图 5.14 所示,导频频率分别为 298 MHz 和 302 MHz。由于导频仅包含频率为 f_- 和 f_+ 的两条谱线,通过计算可以发现 $\theta_1=0\times 2\pi/16$ 和 $\theta_2=8\times 2\pi/16$ 对于 f_- 和 f_+ 处具有相近的均衡效果。图 5.15 给出了这两种相近的幅频倾斜均衡效果示意图。

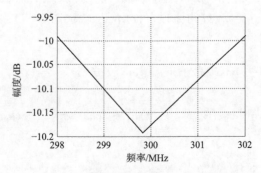

图 5.14　频率选择性衰落凹口示意图

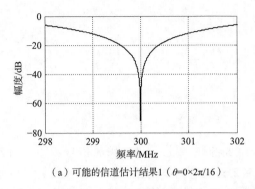
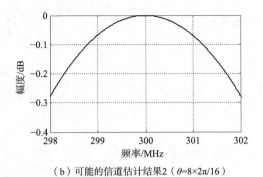

（a）可能的信道估计结果1（$\theta = 0 \times 2\pi/16$）　　（b）可能的信道估计结果2（$\theta = 8 \times 2\pi/16$）

图5.15　幅频倾斜均衡的信道估计结果示意图

前已述及,同址干扰虽然是一个宽带干扰,但是在载频附近几十千赫的主信号带宽内包含整个干扰信号的绝大部分功率。此时,如果采用图5.15（a）的幅频倾斜均衡结果,衰落曲线表明参考信号在载频处将会受到不小于 -40 dB 的衰落,而实际同址干扰传输信道的衰减仅为约 -10 dB,这将导致自适应同址干扰抵消的性能严重下降。如果采取图5.15（b）中的幅频均衡效果,则结合图5.14和4.15（b）可以知道其存在的均衡误差为 $0.4 \sim 0.5$ dB,也会对自适应干扰抵消产生一定影响,但是性能优于采用图5.15（a）中幅频倾斜均衡结果的情况。因此,当频率选择性衰落凹口（凸点）处于 $[f_-, f_+]$ 之间时,采用幅频倾斜均衡方法得到的信道均衡特性与实际的信道频率选择特性存在较大的误差。

由于幅频倾斜均衡方式仅以频点 f_- 和 f_+ 的干扰抵消效果作为判决标准,导致得到的信道估计结果在宽带频谱上存在一定误差。尤其当频率选择性衰落凹口（凸点）处于 $[f_-, f_+]$ 之间时,此时通过近似得到的信道估计结果将会使自适应干扰抵消的性能受到严重影响。

5.4　改进的导频辅助自适应宽带跳频同址干扰抵消方法

5.4.1　改进的信道估计方法

对以上分析的信道均衡方法在自适应宽带同址干扰抵消中的缺点,同时考虑跳频同址干扰的功率主要集中在主信号频带内,本书研究一种改进的信道估计方法,在导频的中心频率处增加一个频率,得到改进的导频 $g'(t)$ 表达式为式（5.34）,$g'(t)$ 频谱如图5.16（b）所示。

$$g'(t) = \sqrt{2S_g} \sum_{k=-\infty}^{\infty} \frac{\varepsilon_g}{2} \left[\cos(2\pi\Delta f t) + 1 \right] \cos(2\pi f_k t)$$

$$= \sqrt{2S_g} \sum_{k=-\infty}^{\infty} \frac{\varepsilon_g}{4} \left\{ \cos\left[2\pi(f_k + \Delta f)t \right] + 2\cos\left[2\pi f_k t \right] + \cos\left[2\pi(f_k - \Delta f)t \right] \right\}$$

$$(5.34)$$

式中各参数的定义与式（5.19）一致。

幅频倾斜均衡后得到的导频 $g'_0(t)$ 为

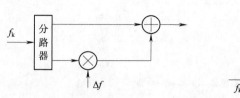

（a）改进的导频产生方法　　　　　　　　　　（b）改进的导频频谱

图 5.16　改进的导频产生方法及其频谱

$$g'_0(t) = \frac{\sqrt{2S_{g'}}\,\varepsilon_{g'}}{4}\cos\left(\frac{\theta - 2\pi f_+ T_0}{2}\right)\cos\left(\omega_+ t + \frac{\theta - 2\pi f_+ T_0}{2}\right) +$$
$$\frac{\sqrt{2S_{g'}}\,\varepsilon_{g'}}{2}\cos\left(\frac{\theta - 2\pi f_k T_0}{2}\right)\cos\left(\omega_- t + \frac{\theta - 2\pi f_k T_0}{2}\right) + \qquad (5.35)$$
$$\frac{\sqrt{2S_{g'}}\,\varepsilon_{g'}}{4}\cos\left(\frac{\theta - 2\pi f_- T_0}{2}\right)\cos\left(\omega_- t + \frac{\theta - 2\pi f_- T_0}{2}\right)$$

导频 $g'(t)$ 经过幅频倾斜网络后在 f_-、f_k 和 f_+ 处的幅度分别为

$$f_- \text{处的幅度：} |H'_e(f_-)| = \left| \frac{\sqrt{2S_{g'}}\,\varepsilon_{g'}}{4}\cos\left(\frac{\theta - 2\pi f_- T_0}{2}\right) \right|$$

$$f_k \text{处的幅度：} |H'_e(f_k)| = \left| \frac{\sqrt{2S_{g'}}\,\varepsilon_{g'}}{2}\cos\left(\frac{\theta - 2\pi f_k T_0}{2}\right) \right|$$

$$f_+ \text{处的幅度：} |H'_e(f_+)| = \left| \frac{\sqrt{2S_{g'}}\,\varepsilon_{g'}}{4}\cos\left(\frac{\theta - 2\pi f_+ T_0}{2}\right) \right|$$

假定导频经过信道的频率选择性衰落后在 f_-、f 和 f_+ 处的幅度分别为 $|H(f_-)|$、$|H(f_k)|$ 和 $|H(f_+)|$，则最优的幅度倾斜均衡结果为

$$\frac{|H(f_-)|}{|H'_e(f_-)|} \approx \frac{|H(f_k)|}{|H'_e(f_k)|} \approx \frac{|H(f_+)|}{|H'_e(f_+)|} \qquad (5.36)$$

此时，式（5.36）等价于同时满足以下两个表达式：

$$\frac{|H(f_+)|}{|H(f_-)|} \approx \frac{|H'_e(f_+)|}{|H'_e(f_-)|} = \frac{\left|\cos\left(\dfrac{\theta - 2\pi f_k T_0 - 2\pi \Delta f T_0}{2}\right)\right|}{\left|\cos\left(\dfrac{\theta - 2\pi f_k T_0 + 2\pi \Delta f T_0}{2}\right)\right|} \qquad (5.37)$$

$$\frac{|H(f_k)|}{|H(f_-)|} \approx \frac{|H'_e(f_k)|}{|H'_e(f_-)|} = \frac{\left|2\cos\left(\dfrac{\theta - 2\pi f_k T_0}{2}\right)\right|}{\left|\cos\left(\dfrac{\theta - 2\pi f_k T_0 + 2\pi \Delta f T_0}{2}\right)\right|} \qquad (5.38)$$

1. 频率选择性衰落凹口（凸点）在 [f_-, f_+] 外时

当频率选择性衰落凹口（凸点）[f_-, f_+] 之外时，θ 与幅频倾斜效果的关系如图 5.17 所示。由于信道估计函数 H_e 与信道传输函数 H 具有线性关系，所以 $|H(f_+)|/|H(f_-)|$ 和 $|H(f_k)|/|H(f_-)|$ 也具有较好的线性关系，因而改进的信道估计方法不影响原有估计性能。

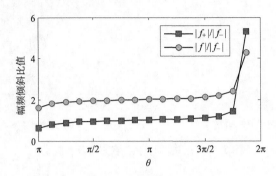

图 5.17　改进方法中 θ 与幅频倾斜效果的关系（凹口在 $[f_-,f_+]$ 外）

2. 频率选择性衰落凹口（凸点）在 $[f_-,f_+]$ 之间时

当频率选择性衰落凹口（凸点）在 $[f_-,f_+]$ 之间时，由式（5.37）和式（5.38）得到 θ 与幅频倾斜效果的关系如图 5.18 所示。

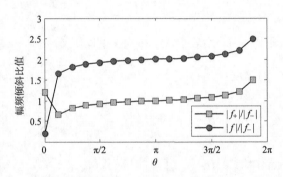

图 5.18　改进方法中 θ 与幅频倾斜效果的关系（凹口在 $[f_-,f_+]$ 之间）

由图 5.18 可以看出，$|H(f_+)|/|H(f_-)|$ 在 $|\cos[(\theta-2\pi f_k T_0)/2]|$ 的值为 0 和 1 处具有接近的均信道估计效果。但是，由于改进的导频中存在频率 f_k 的分量，因而 $|\cos[(\theta-2\pi f_k T_0)/2]|\approx 0$ 的均衡效果必然导致自适应干扰抵消对频率 f_k 的分量基本没有作用，因此干扰抵消的误差很大，此时的相移 θ 不会成为的最优估计值 θ^*。因而可以一定程度上提高自适应宽带跳频同址干扰抵消的性能和稳定性。

因此，改进的信道估计方法的实质是增加幅频倾斜估计的约束条件。当跳频信号载频出现在频率选择性衰落凹口（凸点）附近时，通过增加的约束条件，准确估计出导频的中心频率落入幅频倾斜值为 0 处的情况（图 5.18 中 $\theta=0$ 处），从而可以选择性能相对更优的信道估计结果，避免在跳频信号载频处出现误差较大的信道估计结果。

由以上分析可以看出，采用改进的信道估计方法后，当频率选择性衰落凹口（凸点）在 $[f_-,f_+]$ 外时，改进的方法可以取得和原有方法基本一致的信道估计效果。当频率选择性衰落凹口（凸点）在 $[f_-,f_+]$ 之间时，该方法可以避免信道估计产生的误差过大，取得比原有方法更好的性能。

5.4.2　性能仿真与分析

仿真参数如下：跳频速率为 1 000 跳/s（跳频周期为 1 ms），跳频切换时间为跳频周期的

$10\%,T_{sw}=100~\mu s,T_{dw}=900~\mu s,T_{r}=15~\mu s,T_{f}=70~\mu s,T_{de}=15~\mu s$。信道估计时导频的每个扫描状态时间为 0.5 μs。其余参数见表 5.1。

表 5.1　仿真参数设置

参数名称	参数值
调制方式	DBPSK
基带速率	16 kbit/s
发射机功率	47.8 dBm(60 W)
跳频同址干扰带宽	4 MHz
导频功率	7 dBm(6 mW)
导频调制频偏	2 MHz
有用接收信号功率	-90 dBm
干扰信号与有用信号频率间隔	不小于 200 kHz
天线隔离度	40 dB
背景噪声(热噪声)功率	-174 dBm/Hz

图 5.19 和图 5.20 分别为频率选择性衰落凹口在 $[f_-,f_+]$ 外和在 $[f_-,f_+]$ 之间时,两种信道估计方法的导频辅助自适应宽带跳频同址干扰抵消性能比较。

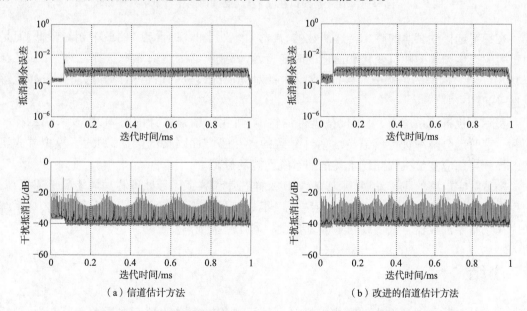

（a）信道估计方法　　　　　　　　　　（b）改进的信道估计方法

图 5.19　频率选择性衰落凹口在 $[f_-,f_+]$ 外时的干扰抵消性能比较

由图 5.19 可以看出,当频率选择性衰落凹口在 $[f_-,f_+]$ 外,两种方法的干扰抵消效果基本一致。在本书的仿真条件下,可以获得约 -30 dB 干扰抵消比性能。

由图 5.20 可以看出,当频率选择性衰落凹口在 $[f_-,f_+]$ 之间时,信道估计方法所取得的干扰抵消比为 -20 dB 左右。在采用改进的信道估计方法后,干扰抵消性能可以获得约 5 dB 的改善,得到较好的抵消性能。但是比较图 5.19 和图 5.20 可以知道,不管采用哪种信道估计方法,当同址干扰传输信道频率选择性衰落凹口在[f_-,f_+]之间时,自适应干扰抵消性能都受到明显影响。

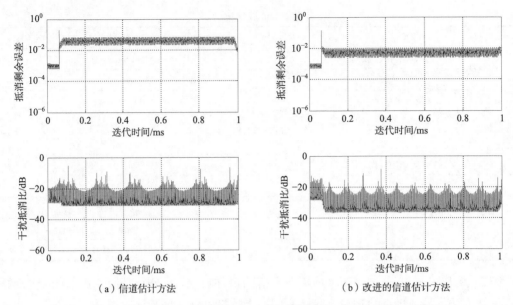

（a）信道估计方法　　　　　　（b）改进的信道估计方法

图 5.20　频率选择性衰落凹口在[f_-,f_+]之间时的干扰抵消性能比较

在频率选择性衰落的整个传递函数的,衰落曲线处于凹口(凸点)的概率相对较低,但是由于跳频通信频率的随机变化和信道的时变特性,因此有必要提高频率选择性衰落凹口(凸点)[f_-,f_+]之间时的干扰抵消性能,本书中针对此情况改进的信道估计方法可以较好地解决这一问题。

实际干扰抵消系统中,由于模拟器件的性能、可用于信道估计的时间,以及采用二径模型和一定时延分辨率进行信道特性估计导致的误差等方面因素的限制,制约了模拟方式实现的导频自适应宽带跳频同址干扰抵消系统性能的提高。

随着数字电路的飞速发展,尤其是 A/D 采样芯片和数字信号处理芯片性能的迅速提高,采用全数字实现的自适应干扰抵消系统可以很好地提高干扰抵消性能。在下一章,将系统研究采用数字滤波器方式实现自适应宽带跳频同址干扰抵消。

小结

本章针对跳频同址干扰的宽带特性和同址干扰传输信道的频率选择性衰落特性,分析了模拟方式实现的导频辅助自适应宽带跳频同址干扰抵消技术,重点介绍了采取在下一时刻跳频信号载频处增加一个导频频率的一种改进信道估计方法,通过提高信道估计的准确性改善该情况下自适应宽带同址干扰抵消的性能。

第6章

基于 Laguerre 滤波器的自适应宽带跳频同址干扰抵消方法

采用数字滤波器实现自适应宽带跳频同址干扰抵消可以取得良好的干扰抵消性能,射频信号的获取和滤波器的抽头数量也不再是矛盾。由于抽头系数和时延的最优化是一项计算复杂度较高的工作,此时滤波器阶数的限制条件就成了收敛速度和计算复杂度,因此需要研究合适的干扰抵消器结构和自适应算法,在提高自适应宽带跳频同址干扰抵消性能的同时达到尽量低的计算复杂度。

▎ 6.1 基于数字滤波器的自适应宽带同址干扰抵消方法

数字滤波器实现的自适应宽带同址干扰抵消模型如图6.1所示。

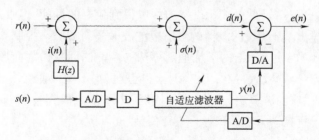

图6.1 自适应宽带同址干扰抵消系统模型

图6.1中,$s(n)$为同址发射机产生的跳频同址干扰信号,$H(z)$为同址干扰信道传输函数,$i(n)$为本地发射机信号形成的同址干扰信号,$r(n)$为有用接收信号,$y(n)$为加权后的参考信号,$\sigma(n)$为信道噪声,D为延时器,$e(n)$为误差信号,也是干扰抵消的输出。

$$e(n) = r(n) + s(n) * h(n) + \sigma(n) - y(n) \tag{6.1}$$

式中,$h(n)$为同址干扰传输信道的脉冲响应;$*$为卷积。

设同址干扰多径分量的最大传输时延为 τ_{max},直射波的传输时延为 τ_{min}。为保证自适应干扰抵消器能够正常工作,其时延因子 D 应满足不大于时延 τ_{min}。取定一个满足 Nyquist 采样定理的采样间隔 T_s(实际抽头间隔应取为 Nyquist 采样间隔的 25% ~ 75%),抵消器阶数 M_F 应满足

$$M_F \geqslant \frac{\tau_{max} - \tau_{min}}{T_s} \tag{6.2}$$

由图 6.1 得到自适应宽带干扰抵消模型,采取相应滤波器结构和自适应算法即可进行宽带干扰的自适应抵消。影响自适应宽带干扰抵消效果的因素主要包括以下几个方面:

(1)滤波器阶数越大,收敛越慢,且稳态误差越大;

(2)收敛速度与采样速率无明显关系,而其稳态误差随采样速率的增大减小;

(3)输入参考干扰的正态分布方差越大,则收敛越快,但其稳态误差也越大。

由于跳频通信的频率不断跳变,对跳频同址干扰信号进行抵消时,跳频同址干扰信号的每次换频都需要自适应滤波器重新调整权值,这就要求自适应跳频同址干扰抵消器具有较快的收敛速度。自适应干扰抵消的实质是用自适应滤波器实现信道脉冲响应函数的估计,因而实现多径信道的长脉冲响应函数的估计需要很长的自适应滤波器。但是,很长的滤波器在进行自适应干扰抵消时,不仅实时处理困难,而且自适应算法的收敛性能和非平稳过程的跟踪性能之间存在尖锐的矛盾,最终表现为自适应步长选择的动态范围很窄,自适应的 Robust 性能较差。因此要求所采用的自适应数字滤波器的阶数尽量少。

针对多径信道中的自适应宽带同址干扰抵消,Zeger-Abrams 公司提出的"抽头比较替代法"的前提是将 FIR 滤波器的阶数做到 512 阶甚至 1 024 阶,其不仅存在收敛速度的问题,而且对射频信号的采样速率要求过高(需要达到几十吉赫)。丛卫华等提出采用批处理结合计算复杂度较低的频域滤波算法进行自适应宽带多途干扰抵消,验证了其在自适应宽带多途干扰抵消中的性能,但是采用频域 LMS 算法同样存在滤波器阶数过长和对采样速率过高的问题。RLS 算法具有对输入信号的自相关矩阵的特征值分布不敏感的特性,但是其运算量过大,也不适合实时射频信号处理。IIR 滤波器由于其自身的零-极点结构,能以较少的阶数对长脉冲响应系统精确建模,因此使用 IIR 结构可以得到较好的性能,但收敛性和稳定性问题变得复杂。孙旭等提出基于 IIR 滤波器的自适应滤波 E 型有源噪声控制算法(FELMS),通过构造一个新的目标函数,使 IIR 结构干扰抵消算法的性能曲面呈抛物面形,因而具有唯一极小值,从而使算法具有全局收敛特性,但其稳定性问题仍得不到保证。

因此,在提高自适应滤波算法收敛速度的同时,本章重点研究基于 Laguerre 滤波器的自适应宽带跳频同址干扰抵消方法。

6.2 自适应滤波算法

自适应跳频同址干扰抵消对算法具有较高的收敛速度要求。本节对自适应滤波算法进行研究,得到一种收敛速度快、稳态误差小的自适应滤波算法。

6.2.1 自适应滤波原理及算法

自适应滤波器原理如图 6.2 所示。

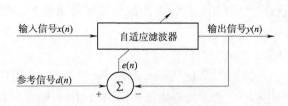

图 6.2　自适应滤波器原理

图 6.2 中，$x(n)$ 表示 n 时刻的输入信号值，$y(n)$ 表示 n 时刻的输出信号值，$d(n)$ 表示 n 时刻的参考信号值或期望响应的信号值，误差信号 $e(n)=d(n)-y(n)$，自适应数字滤波器的滤波参数由误差信号 $e(n)$ 控制，输出根据 $e(n)$ 自动调整，使之适合下一时刻的输入 $x(n+1)$，以使 $y(n+1)$ 接近所期望的参考信号 $d(n+1)$。

1. LMS 算法及其改进算法

由 Widrow 和 Hoff 提出的 LMS 算法，因为其具有计算复杂度低、易于实现等优点而在实践中被广泛采用。

LMS 算法的基本原理是基于最陡下降法，即沿着权值的梯度估值的负方向进行搜索，达到权值最优，实现均方误差最小意义下的自适应滤波。自适应 LMS 算法的迭代公式如下：

$$X(n)=[x_0(n),x_1(n),\cdots,x_{M-1}(n)]^{\mathrm{T}} \tag{6.3}$$

$$W(n)=[w_1(n),w_1(n-1),\cdots,w_{M-1}(n)]^{\mathrm{T}} \tag{6.4}$$

$$e(n)=d(n)-X^{\mathrm{T}}(n)W(n) \tag{6.5}$$

$$W(n+1)=W(n)+2\mu e(n)X(n) \tag{6.6}$$

式中，M 为滤波器长度；μ 为控制收敛速度的常数；$e(n)$ 为误差信号；$X(n)$ 为输入信号向量；$W(n)$ 为自适应滤波器权系数。为保证迭代后收敛，μ 必须满足 $0<\mu<1/\lambda_{\max}$，$\lambda_{\max}$ 为输入序列 $X(n)$ 自相关矩阵的最大特征值。

基本 LMS 算法虽然算法简单，易于工程实现，但是由于其步长恒定，收敛速度比较慢，到达稳态后失调系数 δ 也比较大，性能一般。因此，在时变系统中，基本 LMS 算法的跟踪性能常常不能满足要求。

归一化变步长 LMS（normalized variable stepsize LMS，NLMS）算法对 LMS 算法进行了改进，加速了算法在大误差区内的快速收敛性，有效地提高了跟踪性能。NLMS 算法根据式（6.7）进行权值向量的迭代：

$$W(n+1)=W(n)+2\mu\frac{e(n)}{\alpha+X^{\mathrm{T}}(n)X(n)}X(n) \tag{6.7}$$

式中，$X^{\mathrm{T}}(n)X(n)$ 表示滤波器缓冲区中输入数据向量 $X(n)$ 的内积。为避免在 $X^{\mathrm{T}}(n)X(n)$ 很小的情况下 $\mu(n)$ 过大而引起稳定性的下降，在 NLMS 中引入正常数参数 α。NLMS 算法能有效地减小 LMS 算法在收敛过程中对梯度噪声的放大作用，收敛速度也比基本 LMS 算法快。NLMS 算法的缺点在于引入变步长因子时，小误差区域的收敛速度降低。

目前发展出了一系列的变步长 LMS 算法，有的是通过对前一时刻步长的修正来得到当前步长，此类算法对非时变系统的稳态误差非常小，但对时变系统的跟踪能力差；有的通过非线性函数来调整步长，如基于 Sigmoid 函数和基于 Tansig 函数的变步长 LMS 算法等，此类算法的收敛速度快、精度高,但是由于非线性函数的计算复杂度高,通常导致算法计算复杂度显著增加。

2. LMF 算法

E. Walach 和 B. Widrow 提出的 LMF(Least Mean Fourth)算法采用式(6.8)中的四阶误差信号最小化准则。在权值更新向量距离最优值较远时,LMF 算法可以获得比 LMS 算法更快的收敛速度和更小的均方误差,权值向量更新为

$$J(n) = e^4(n) \tag{6.8}$$

$$W(n+1) = W(n) + 2\mu_{\text{lmf}}e^3(n)X(n) \tag{6.9}$$

由于 LMF 算法在权值向量更新中采用误差 $e(n)$ 的三阶函数,因而对附加噪声和信噪比都非常敏感。当信噪比较小,权值向量与最优权值向量误差较大时,可以获得到较快的收敛速度和较小的稳态误差。但当信噪比变大时,LMF 算法的性能将会急剧退化,并导致稳态性变差;在权值更新向量接近最优解时,其稳态误差的性能不如 LMS 算法。

3. LMS/F 组合算法

Shao-Jen Lim 和 J. G. Jarris 提出的 LMS/F 组合算法在计算复杂度增加不大的基础上同时兼有 LMS 和 LMF 算法的优点,即收敛速度和稳定性比基本 LMS 算法好,稳定性比 LMF 算法好。LMS/F 组合算法的权值向量更新公式为

$$W(n+1) = W(n) + 2\mu_{\text{lms/f}}\frac{e^3(n)}{e^2(n) + V_{\text{th}}}X(n) \tag{6.10}$$

式中,正数 V_{th} 为一个保证算法快速收敛和较高收敛精度而设置的参数。

LMS/F 组合算法通过适当设置 $\mu_{\text{lms/f}}$,V_{th} 的改变不会引起收敛过程的振荡。当信号受加性高斯白噪声影响时,预设 $\mu_{\text{lms/f}} \approx 2.2\mu_{\text{lms}}$ 和 $V_{\text{th}} \approx 5E(e^2(n))$,LMS/F 组合算法可以取得理想的收敛效果。因此,在权值更新向量距离最优值较远时,收敛速度比基本 LMS 算法好;在权值更新向量接近最优解时,稳定性比 LMF 算法好。

4. RLS 算法

RLS(recursive least square)算法是最小二乘的一类快速算法。RLS 算法直接考察一个由平稳信号作为输入的自适应系统在一段时间内输出误差信号的平均功率,使该平均功率达到最小作为测量自适应系统性能的准则。自适应 RLS 算法的滤波器权系数 $W(n)$ 的迭代公式为

$$W(n+1) = W(n) + g(n+1)e(n) \tag{6.11}$$

$$g(n+1) = \frac{P(n)X(n)}{\lambda + X^{\text{T}}(n)P(n)X(n)} \tag{6.12}$$

$$P(n+1) = \lambda^{-1}[p(n) - g(n+1)X(n)^{\text{T}}P(n)] \tag{6.13}$$

式中,$P(n)$ 为自相关矩阵 $R_{xx}(n)$ 的逆矩阵,常数 $\lambda(0 < \lambda < 1)$ 为遗忘因子。

RLS 算法对输入信号的自相关矩阵的逆进行递推估计更新,收敛速度快,其收敛性能与输入信号的频谱特性无关。但是,RLS 算法的计算复杂度很高,所需的存储量极大,不利于实时处理;从算法的乘除运算量来看,RLS 算法的乘除运算量达到了 $3M^2 + 4M$ 次,远远超过 LMS 算法的运算量。因此,RLS 算法在自适应射频信号处理中应用较少。

6.2.2　一种新的改进 LMS/F 组合算法

本书对 LMS/F 组合算法引入一个修正因子 γ，提出一种改进 LMS/F 组合算法，其权值向量更新公式为

$$W(n+1) = W(n) + 2\mu \frac{e^3(n)}{e^2(n)/\gamma + V_{\text{th}}} X(n) \tag{6.14}$$

式中，修正因子 $\gamma > 1$（$\gamma = 1$ 时即为基本 LMS/F 组合算法），γ 的具体取值将在下文权值收敛条件中进行分析。

由式(6.14)看出在算法初始状态、$e(n)$ 较大时，改进 LMS/F 组合算法滤波准则的代价函数由式(6.15)表示，权值向量 $W(n)$ 的更新公式由式(6.16)来近似。

$$J(n) \approx \gamma e^2(n) \tag{6.15}$$

$$W(n+1) \approx W(n) + 2\mu\gamma e(n) X(n) \tag{6.16}$$

由式(6.16)可以看出，改进 LMS/F 组合算法权值向量的更新公式与 LMS 算法相近，但是其步长为 LMS 算法的 γ 倍，表明在当 $e(n)$ 较大时可以保持较大的步长调整从而提高收敛速度。

在自适应算法收敛到达稳定状态、$e(n)$ 较小时，相比于 V_{th}，可以认为 $e^2(n)/\gamma \approx 0$。则改进 LMS/F 组合算法滤波准则的代价函数可由式(6.17)表示，权值向量 $W(n)$ 的更新公式可由式(6.18)来近似。

$$J(n) \approx e^4(n)/V_{\text{th}} \tag{6.17}$$

$$W(n+1) \approx W(n) + 2\mu \frac{e^3(n)}{V_{\text{th}}} X(n) \tag{6.18}$$

因而当 $e(n)$ 较小时，滤波准则与 LMS/F 组合算法相同，同时由式(6.18)可知，其步长调整不受修正因子 γ 的影响，改进的算法可以保持较小步长，能够保证和 LMS/F 组合算法相同的收敛精度，相比于 LMS 算法可以得到更高的收敛精度。

1. 计算复杂度分析

改进 LMS/F 组合算法每次迭代时只需在 LMS/F 组合算法的基础上仅增加一次对修正因子 γ 的除法运算。相对于基本 LMS 算法，每次迭代时仅增加了四次乘法、两次除法和一次加法，因而该算法的计算量增加很小。自适应滤波算法的计算复杂度比较见表 6.1（M 为自适应滤波器阶数）。

表 6.1　自适应滤波算法的计算复杂度比较

自适应算法	自适应步长迭代公式	计算量(加/乘次数)
LMS 算法	$W(n+1) = W(n) + 2\mu e(n) X(n)$	$2M+4$
NLMS 算法	$W(n+1) = W(n) + 2\mu \frac{e(n)}{\alpha + X^{\text{T}}(n) X(n)} X(n)$	$3M+6$
LMF 算法	$W(n+1) = W(n) + 2\mu e^3(n) X(n)$	$2M+7$
LMS/F 组合算法	$W(n+1) = W(n) + 2\mu \frac{e^3(n)}{e^2(n) + V_{\text{th}}} X(n)$	$2M+10$
改进的 LMS/F 组合算法	$W(n+1) = W(n) + 2\mu \frac{e^3(n)}{e^2(n)/\gamma + V_{\text{th}}} X(n)$	$2M+11$

自适应算法	自适应步长迭代公式	计算量（加/乘次数）
RLS 算法	$W(n+1) = W(n) + g(n+1)e(n)$ $g(n+1) = \dfrac{P(n)X(n)}{\lambda + X^{\mathrm{T}}(n)P(n)X(n)}$ $P(n+1) = \lambda^{-1}[p(n) - g(n+1)X(n)^{\mathrm{T}}P(n)]$	$3M^2 + 4M$

由表 6.1 可以看出，NLMS 算法和 RLS 算法相对 LMS 算法增加的计算量与滤波器阶数相关，当滤波器阶数较高时，其计算量的增加明显。LMS/F 组合算法及其改进算法的计算复杂度较低，且计算量增加和滤波器阶数无关；同时，该算法不存在运算量较大的指数运算和矩阵运算等。因此，改进 LMS/F 组合算法具有计算复杂度低的优点。

2. 权值向量的收敛条件

为分析改进 LMS/F 组合算法权值向量的收敛条件，把式(6.14)写成变步长 LMS 算法形式，从中可以得到该算法的步长因子，记为 $\mu(n)$。

$$W(n+1) = W(n) + 2\frac{\mu e^2(n)}{e^2(n)/\gamma + V_{\mathrm{th}}}e(n)X(n) \tag{6.19}$$

$$\mu(n) = \frac{\mu e^2(n)}{e^2(n)/\gamma + V_{\mathrm{th}}} \tag{6.20}$$

LMS 算法的收敛条件为 $0 < \mu(n) < 1/\lambda_{\max}$，$\lambda_{\max}$ 为输入序列 $X(n)$ 自相关矩阵的最大特征值。则改进 LMS/F 组合算法收敛条件为

$$0 < \frac{\mu e^2(n)}{e^2(n)/\gamma + V_{\mathrm{th}}} < 1/\lambda_{\max} \tag{6.21}$$

对式(6.21)进行整理得到以下公式

$$1/\gamma\mu + V_{\mathrm{th}}/\mu e^2(n) > \lambda_{\max} \tag{6.22}$$

因为 $V_{\mathrm{th}}/\mu e^2(n) > 0$，所以满足下式就可以确保改进 LMS/F 组合算法达到收敛：

$$0 < \mu\gamma < 1/\lambda_{\max} \tag{6.23}$$

3. 算法收敛性能分析

下面从步长 $\mu(n)$ 与误差 $e(n)$ 的函数关系入手，分析该算法的收敛性能。步长 $\mu(n)$ 与误差 $e(n)$ 的函数关系曲线如图 6.3 所示。

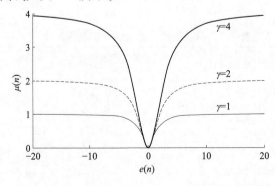

图 6.3 步长 $\mu(n)$ 与误差 $e(n)$ 的函数关系曲线

图 6.3 显示了 $\gamma = 4$、$\gamma = 2$ 和 $\gamma = 1$ 时 $\mu(n)$ 和 $e(n)$ 的非线性关系(其中,当 $\gamma = 1$ 时即为基本 LMS/F 组合算法)。由图 6.3 可以看出,当 $e(n)$ 较大时,改进 LMS/F 组合算法可以得到比 LMS/F 组合算法更大的步长调整,因而可以得到更快的收敛速度(γ 的取值需满足式(6.23)所给出的收敛条件)。当算法接近于稳态、$e(n)$ 较小时,改进 LMS/F 组合算法的步长 $\mu(n)$ 与误差 $e(n)$ 的函数关系曲线与基本 LMS/F 组合算法相一致,从而其可以获得相比于 LMS 算法更高的收敛精度。

4. 算法失调分析

在自适应滤波器中,失调 δ 是衡量其滤波性能的一个技术指标,用来描述自适应算法的稳态均方误差 ξ 对最小均方误差 ξ_{min} 的相对偏移,即

$$\delta = \frac{\xi - \xi_{min}}{\xi_{min}} \tag{6.24}$$

变步长 LMS 算法的稳态均方误差可由式(6.25)来表示:

$$\xi = \xi_{min} + E[x(n)x^{T}(n)]E[v(n)v^{T}(n)] = \left(1 + \mu(n)\sum_{i=1}^{M}\lambda_i\right)\xi_{min} \tag{6.25}$$

式中,$v(n) = w(n) - w_{opt}$ 为权值误差向量。

得到变步长 LMS 算法的失调系数为

$$\delta = \frac{\xi - \xi_{min}}{\xi_{min}} = \mu(n)\sum_{i=1}^{M}\lambda_i = \mu(n)MP_{in} \tag{6.26}$$

算法接近稳态、$e(n)$ 较小时,步长可由式(6.27)来近似:

$$\mu(n) = \mu e^{3}(n)/V_{th} \tag{6.27}$$

由式(6.27)可以看出,算法进入稳态后,算法的步长因子趋于极小,且远小于 LMS 算法,因而改进的算法的失调系数也极小,其性能优于 LMS 算法,与基本 LMS/F 组合算法保持一致。

5. 性能仿真与分析

为检验自适应滤波算法的收敛速度、跟踪速度和稳态误差等性能,下面通过计算机仿真对改进 LMS/F 组合算法进行仿真,并将其与 LMS 算法、NLMS 算法、LMF 算法和基本 LMS/F 组合算法的性能进行比较,来检验该算法的性能。仿真条件:

(1)自适应滤波器阶数 $M = 2$;

(2)参考输入信号 $d(n)$ 是零均值、方差为 1 的高斯白噪声;

(3)未知系统的 FIR 系数向量为 $W_1 = (0.8, 0.5)^{T}$,在第 600 个采样点未知系统发生时变,FIR 系数向量变为 $W_2 = (0.4, 0.2)^{T}$;自适应滤波器的初始权值向量为 $W = (0, 0)^{T}$;

(4)$v(n)$ 为与 $x(n)$ 不相关的高斯白噪声,其均值为 0,方差为 0.04。

仿真中,改进 LMS/F 组合算法的修正因子 $\gamma = 4$、参数 $V_{th} = 0.05$。对每一种自适应滤波算法分别做 50 次独立仿真,然后求其统计平均,采样点数为 1 200,得到学习曲线的仿真结果如图 6.4 所示。

图 6.4 显示了 LMS 算法、NLMS 算法、LMF 算法、LMS/F 组合算法和改进 LMS/F 组合算法的收敛过程和所能达到的均方误差性能。LMF 算法的收敛速度较慢,在 600 次迭代之后还没有达到稳态。改进 LMS/F 组合算法收敛速度最快,性能优势非常明显。改进 LMS/F 组

合算法的收敛精度保持了与基本 LMS/F 组合算法一致,优于 LMS 算法,可以获得很好的稳态误差性能。在第 600 个采样时刻未知系统发生时变时,改进 LMS/F 组合算法能比其他算法更快地回到稳态,这说明改进 LMS/F 组合算法具有更好的健壮性。

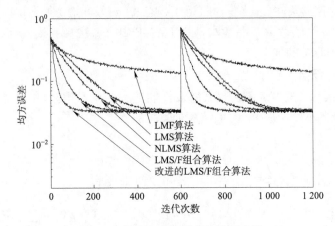

图 6.4 自适应滤波算法的性能比较

以上分析和仿真结果表明改进 LMS/F 组合算法具有算法简单、计算复杂度低、收敛速度快、稳态误差小和健壮性强的优点。由于跳频同址干扰的快速变化特性,跳频同址干扰抵消对于自适应滤波算法的收敛速度和稳态误差性能要求较高。本书中选择改进的 LMS/F 组合算法作为跳频同址干扰抵消的自适应滤波算法。

6.2.3 多参考输入干扰抵消算法

当原始输入有一个以上的干扰需要抵消时,且进入到参考输入端各个干扰可能线性独立的情况下,可以参照多参考输入的噪声对消器,对多个干扰采用多参考输入的干扰抵消算法。多参考输入的噪声抵消器模型如图 6.5 所示。

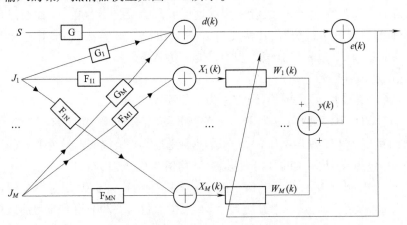

图 6.5 多参考输入的自适应噪声抵消器

1. 多参考输入 LMS 算法

在图 6.5 中,s 为有用信号源,J_i($i=1,2,\cdots,M$)为干扰源。假定 s 与 J 是不相关的。

$d(k)$ 为混合了干扰的信号，$X_j(k)(j=1,2,\cdots,M)$ 为干扰信号的参考输入信号，$W_j(k)(j=1,2,\cdots,M)$ 为自适应滤波器的系数，$e(k)$ 为误差信号。为了推导多通道干扰抵消的算法，将自适应滤波器的模型构建于图 6.6。

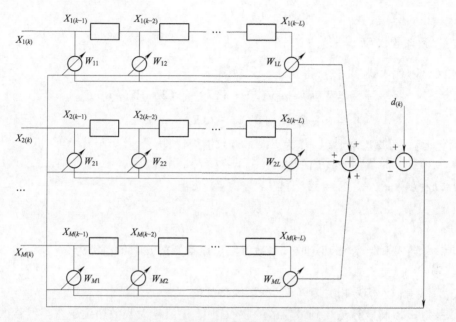

图 6.6　多参考输入自适应滤波器结构图

　有

$$e(k) = d(k) - \sum_{i=1}^{M} X_i(k)^{\mathrm{T}} W_i(k) \tag{6.28}$$

式中，　　　$X_i(k)^{\mathrm{T}} = (X_i(k-1), X_i(k-2), \cdots, X_i(k-L))\quad(i=1,2,\cdots,M)$

$$W_i(k) = (W_{i1}(k), W_{i2}(k), \cdots, W_{iL}(k))^{\mathrm{T}}\quad(i=1,2,\cdots,M)$$

　　令 $X(k)^{\mathrm{T}} = [X_1(k)^{\mathrm{T}}, X_2(k)^{\mathrm{T}}, \cdots, X_M(k)^{\mathrm{T}}]$，$W(k) = [W_1(k), W_2(k), \cdots, W_M(k)]^{\mathrm{T}}$

则

$$e(k) = d(k) - X(k)^{\mathrm{T}} W(k) \tag{6.29}$$

对上式等号两边平方取数学期望，得

$$E(e^2(k)) = E(d^2(k)) + E(W(k)^{\mathrm{T}} X(k) X(k)^{\mathrm{T}} W(k)) - 2E(d(k) X(k)^{\mathrm{T}} W(k))$$

$$= E(d^2(k)) + W(k)^{\mathrm{T}} R_{XX} W(k) - 2d_{Xd} W(k) \tag{6.30}$$

式中，　　　$$\boldsymbol{R}_{XX} = E(XX^{\mathrm{T}}) = \begin{pmatrix} R_{X_1 X_1} & \cdots & R_{X_1 X_M} \\ \vdots & & \vdots \\ R_{X_M X_1} & \cdots & R_{X_M X_M} \end{pmatrix}$$

$$\boldsymbol{R}_{Xd} = E(d(k) X(k)^{\mathrm{T}}) = (R_{X_1 d}, R_{X_2 d}, \cdots, R_{X_M d})$$

对式（6.30）两边对 W 求导并令其等于 0，得到

$$\frac{\partial E(e^2(k))}{\partial W} = 2\boldsymbol{R}_{XX} W(k) - 2\boldsymbol{R}_{Xd}^{\mathrm{T}} = 0 \tag{6.31}$$

求解方程可得到

$$W_{\mathrm{opt}} = \boldsymbol{R}_{XX}^{-1} \boldsymbol{R}_{Xd}^{\mathrm{T}} \tag{6.32}$$

通过维纳-霍夫 LMS 算法来简化求解方程,则方程(6.31)有迭代关系式

$$W(k+1) = W(k) - \mu \nabla(k) \tag{6.33}$$

式中,μ 为收敛系数,$\nabla(k) = \dfrac{\partial E(e^2(k))}{\partial W}$。

将式(6.31)代入式(6.33),得到

$$\begin{aligned} W(k+1) &= W(k) - \mu \nabla(k) = W(k) - \mu(2\boldsymbol{R}_{XX}W(k) - \boldsymbol{R}_{Xd}^{\mathrm{T}}) \\ &= (1 - 2\mu\boldsymbol{R}_{XX})W(k) + 2\mu\boldsymbol{R}_{Xd}^{\mathrm{T}} \end{aligned} \tag{6.34}$$

为简化运算,可直接取 $e^2(k)$ 作为 $E(e^2(k))$ 的估计,即

$$\nabla(k) = \nabla(e^2(k)) = 2e^2(k)\nabla(e(k)) \tag{6.35}$$

因为 $\nabla(e(k)) = \nabla(d(k) - X^{\mathrm{T}}(k)W(k)) = -X(k)$

所以

$$W(k+1) = W(k) + 2\mu e(k)X(k) \tag{6.36}$$

仿单参考输入 LMS 算法确定收敛系数方法可以推知的 μ 取值范围为

$$0 < \mu < 1/\lambda_{\max} \tag{6.37}$$

式中,$\lambda_{\max}$ 为参考输入信号相关矩阵 $\boldsymbol{R}_{XX}$ 的最大特征值。

收敛系数 μ 控制该算法达到最佳解的收敛速度,μ 值越大收敛速度越快。但若太大,算法变得不稳定。实际实现中 μ 的取值可按下式选择。

$$0 < \mu < 1/(20 \times N \times P_X) \tag{6.38}$$

由于多参考输入 LMS 算法同单参考输入 LMS 算法一样是定步长算法,故也存在实时跟踪能力差、大误差信号区间会出现振荡的缺陷。所以,可以参照单参考输入的 LMS 改进算法,对多参考输入 LMS 算法的步长进行相应的变化,从而得到多参考输入 LMS 算法的改进算法。

2. 多参考输入 RLS 算法

参考图 6.5,对多参考输入 RLS 算法进行推导,给出代价函数为

$$\varepsilon(n) = \sum_{k=0}^{n} \lambda^{n-k} e^2(k) = \sum_{k=0}^{n} \lambda^{n-k} \left(d(k) - \sum_{i=1}^{M} X_i(k)^{\mathrm{T}} W_i(k) \right)^2 \tag{6.39}$$

式中,

$$X_i(k)^{\mathrm{T}} = (X_i(k-1), X_i(k-2), \cdots, X_i(k-L)) \quad (i=1,2,\cdots,M)$$

$$W_i(k) = (W_{i1}(k), W_{i2}(k), \cdots, W_{iL}(k))^{\mathrm{T}} \quad (i=1,2,\cdots,M)$$

令 $X(k)^{\mathrm{T}} = (X_1(k)^{\mathrm{T}}, X_2(k)^{\mathrm{T}}, \cdots, X_M(k)^{\mathrm{T}})$

$$W(k) = (W_1(k), W_2(k), \cdots, W_M(k))^{\mathrm{T}}$$

则

$$e(k) = d(k) - X(k)^{\mathrm{T}} W(k) \tag{6.40}$$

将式(6.40)代入式(6.39),得到

$$\varepsilon(n) = \sum_{k=0}^{n} \lambda^{n-k} \left[d(k) - X(k)^{\mathrm{T}} W(k) \right]^2 \tag{6.41}$$

将 $\varepsilon(n)$ 对 w 求导并令其等于 0,得到

$$\frac{\partial \varepsilon(n)}{\partial w} = -2 \sum_{k=0}^{n} \lambda^{n-k} e(k) X^{\mathrm{T}}(k) = 0 \tag{6.42}$$

整理得到

$$\left[\sum_{k=0}^{n} \lambda^{n-k} X(k) X^{\mathrm{T}}(k) \right] w = \sum_{k=0}^{n} \lambda^{n-k} d(k) X^{\mathrm{T}}(k) \tag{6.43}$$

求解方程可得

$$w(n) = R_{XX}(n)^{-1} R_{Xd}(n) \tag{6.44}$$

其中，$R_{XX}(n) = \left[\sum_{k=0}^{n} X(k) X^{\mathrm{T}}(k) \right]$，$R_{Xd}(n) = \sum_{k=0}^{n} d(k) X^{\mathrm{T}}(k)$

对 $R_{XX}(n)$ 和 $R_{Xd}(n)$ 进行递推估计

$$R_{XX}(n) = \lambda R_{XX}(n-1) + X(k) X^{\mathrm{T}}(k) \tag{6.45}$$

$$R_{Xd}(n) = \lambda R_{Xd}(n-1) + d(k) X^{\mathrm{T}}(k) \tag{6.46}$$

对式(6.45)使用矩阵求逆引理，又可得逆矩阵 $P(n) = R^{-1}(n)$ 的递推公式

$$
\begin{aligned}
P(n) &= \frac{1}{\lambda} \left(P(n-1) - \frac{P(n-1) X(n) X^{\mathrm{T}}(n) P(n-1)}{\lambda + X^{\mathrm{T}}(n) P(n-1) X(n)} \right) \\
&= \frac{1}{\lambda} \left(P(n-1) - k(n) X^{\mathrm{T}}(n) P(n-1) \right)
\end{aligned}
\tag{6.47}
$$

式中

$$k(n) = \frac{P(n-1) X(n)}{\lambda + X^{\mathrm{T}}(n) P(n-1) X(n)} \tag{6.48}$$

将式(6.47)等式两边乘以 $X(n)$，得

$$
\begin{aligned}
P(n) X(n) &= \frac{1}{\lambda} \left(P(n-1) X(n) - k(n) X^{\mathrm{T}}(n) P(n-1) X(n) \right) \\
&= \frac{1}{\lambda} \left[(\lambda + X^{\mathrm{T}}(n) P(n-1) X(n)) k(n) - k(n) X^{\mathrm{T}}(n) P(n-1) X(n) \right] \\
&= k(n)
\end{aligned}
\tag{6.49}
$$

将式(6.46)和式(6.47)代入式(6.44)得

$$
\begin{aligned}
w(n) &= P(n) R_{Xd}(n) = \frac{1}{\lambda} \left(P(n-1) - k(n) X^{\mathrm{T}}(n) P(n-1) \right) \left(\lambda R_{Xd}(n-1) + d(n) X(n) \right) \\
&= P(n-1) R_{Xd}(n-1) - \frac{1}{\lambda} d(k) P(n-1) X(n) - k(n) X^{\mathrm{T}}(n) P(n-1) R_{Xd}(n-1) - \\
&\quad \frac{1}{\lambda} d(k) k(n) X^{\mathrm{T}}(n) P(n-1) X(n) = w(n-1) + k(n) e(n)
\end{aligned}
\tag{6.50}
$$

由上面的推导公式，就可以得出多参考输入 RLS 算法的迭代形式：

$$e(k) = d(k) - X(k)^{\mathrm{T}} W(k) \tag{6.51}$$

$$k(n) = \frac{P(n-1) X(n)}{\lambda + X^{\mathrm{T}}(n) P(n-1) X(n)} \tag{6.52}$$

$$P(n) = \frac{1}{\lambda}(P(n-1) - k(n)X^{T}(n)P(n-1)) \qquad (6.53)$$

$$w(n) = w(n-1) + k(n)e(n) \qquad (6.54)$$

和单参考输入的 RLS 算法一样,多参考输入 RLS 算法也存在运算量大的特点,每个通道的运算量相当于单参考输入 RLS 算法的运算量,因此在多参考输入的 RLS 算法中,总运算量为 $M(3N^2+4N)$ 次,其中 M 为干扰数,N 为滤波器阶数。

6.3 基于 Laguerre 滤波器的自适应宽带跳频同址干扰抵消方法

为了更有效地抑制宽带跳频同址干扰,本节采用 Laguerre 滤波器实现自适应宽带跳频同址干扰抵消。

6.3.1 基于 Laguerre 滤波器的自适应宽带跳频同址干扰抵消原理

作为一种特殊的 IIR 滤波器,Laguerre 滤波器结合了 FIR 和 IIR 结构的优点:采用全通基函数进行自适应滤波,具有很好的数值调节性能,只需要很少的参数就可以有效描述长脉冲响应系统的动态特性;由于可以保证滤波器的极点 $|\lambda| < 1$,避免了自适应 IIR 滤波器会出现的稳定性问题。因此 Laguerre 滤波器在收敛性能和稳定性之间实现了很好的平衡,采用 Laguerre 滤波器实现自适应宽带跳频同址干扰抵消是一种比较好的选择。

1. 自适应 Laguerre 滤波器的结构与特点

自适应 Laguerre 滤波器由图 6.7 中的 Laguerre 抽头延迟线存储器构成。

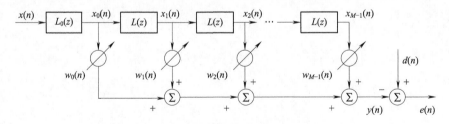

图 6.7　自适应 Laguerre 滤波器结构

图 6.7 中,$x(n)$、$y(n)$、$d(n)$ 和 $e(n)$ 分别是 n 时刻滤波器的输入、输出、期望响应和估计误差,滤波器权系数用 $w_m(n)$ 表示,$m = 0, 1, \cdots, M-1$。

Laguerre 存储器结构在它的前端包括一个一阶低通滤波器,其转移函数如式(6.55),其后紧接着若干相同的一阶全通滤波器,其转移函数如式(6.56)。

$$L_0(z) = \frac{\sqrt{1-\lambda^2}}{1-\lambda z^{-1}}, \quad |\lambda| < 1 \qquad (6.55)$$

$$L(z) = \frac{z^{-1}-\lambda}{1-\lambda z^{-1}}, \quad |\lambda| < 1 \qquad (6.56)$$

由此得到 Laguerre 滤波器横向延迟节的抽头输出处转移函数为

$$L_m(z) = \frac{\sqrt{1-\lambda^2}\,(z^{-1}-\lambda)^m}{(1-\lambda z^{-1})^{m+1}} \quad (m = 0,1,\cdots,M-1) \tag{6.57}$$

由式(6.57)可以看出,当极点$|\lambda| < 1$时,Laguerre 横向滤波器是稳定的。图 6.8 绘出了针对五个给定的极点λ时,式(6.57)所示转移函数的幅频响应曲线($m = 1$)。从中可以看出,当$|\lambda| < 1$时,通过调节参数λ可以改变模型的记忆位置和深度,从而可以使模型的记忆位置和深度不受滤波器的阶数控制。

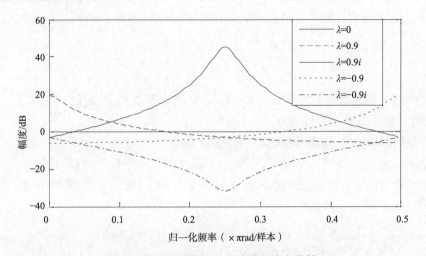

图 6.8　转移函数 $L_1(z)$ 的幅频响应特性

由图 6.8 可以看出:

(1)$\lambda = 0$时,Laguerre 滤波器退化为 FIR 滤波器,表明 FIR 滤波器是 Laguerre 滤波器在$\lambda = 0$时的一种特殊形式;

(2)$\lambda \to 1$时,Laguerre 滤波器对低频部分增加了记忆深度,滤除了高频部分信息;

(3)$\lambda \to i$时,Laguerre 滤波器对中频部分增加了记忆深度,滤除了高频和低频部分信息;

(4)$\lambda \to -1$时,Laguerre 滤波器对高频部分增加了记忆深度,滤除了低频部分信息;

(5)$\lambda \to -i$时,Laguerre 滤波器具有陷波特性。

由此可见,针对感兴趣的频率,通过调节 Laguerre 滤波器的极点参数λ,改变滤波器的记忆深度,可以有效地增强滤波效果。由于超短波地空通信的频率为 108 ~ 400 MHz,对于 1 GHz 的采样频率来说,该频段处于中频,当$\lambda \to i$时可以有效提高该频段的自适应干扰抵消效果。因此,采用 Laguerre 结构实现自适应宽带同址干扰抵消,可通过适当调节极点参数λ来改变滤波器的记忆深度,从而能够有效地降低滤波器的阶数,提高自适应宽带同址干扰抵消效果。

2. 自适应算法

Laguerre 延迟节的抽头输出信号为递归形式:

$$x_0(n) = \lambda x_0(n-1) + \sqrt{1-\lambda^2}\,x(n) \tag{6.58}$$

$$x_m(n) = x_{m-1}(n-1) + \lambda[x_m(n-1) - x_{m-1}(n)] \quad 1 \leqslant m \leqslant M-1 \tag{6.59}$$

记

$$X(n) = (x_0(n), x_1(n), \cdots, x_{M-1}(n))^T \tag{6.60}$$

$$W(n) = (w_0(n), w_1(n), \cdots, w_{M-1}(n))^T \tag{6.61}$$

$$y(n) = X(n)^T W(n) \tag{6.62}$$

得到自适应 Laguerre 滤波器输出 $e(n)$ 为

$$e(n) = d(n) - y(n) = d(n) - X^T(n)W(n) \tag{6.63}$$

应用于 FIR 结构滤波器的自适应算法可以相应地应用到 Laguerre 滤波器中,这里采用改进 LMS/F 组合算法,即

$$W(n+1) = W(n) + 2\mu \frac{e^2(n)}{e^2(n)/\lambda + V_{th}} X(n) \tag{6.64}$$

与自适应 IIR 滤波器不同,自适应 Laguerre 滤波器只有等于 λ 的固定极点,只要满足 $|\lambda| < 1$ 就可以保证滤波器的稳定性。

3. 自适应 Laguerre 滤波器最优极点的估计方法

用 Laguerre 滤波器描述一个系统,在极点 λ 选择得当的条件下,只需要较少的估计参数,Laguerre 滤波器就可以有效地描述系统的性能。通常可以根据不同的准则确定最优的极点,其极点估计的处理顺序一般为

$$W(n) \rightarrow g(n) \rightarrow \{m_0, m_1, \mu\} \rightarrow \beta \rightarrow \hat{\lambda}(n+1)$$

基于给定的系统脉冲响应确定极点的方法和最小二乘估计方法均采用以上的极点估计处理顺序,但是这类极点估计方法较为复杂。A. C. Den Brink 等提出由权系数 $W(n)$ 和极点 $\lambda(n)$ 估计极点 $\lambda(n+1)$ 的方法直观且易于实现,避免了对系统脉冲响应 $g(n)$ 的处理。极点估计的顺序为

$$W(n) \rightarrow \{a_0, a_1, a_2\} \rightarrow \{m_0, m_1, \mu\} \rightarrow \beta \rightarrow \hat{\lambda}(n+1)$$

极点估计时首先作如下定义:

$$a_0(n) = \sum_{m=0}^{M-1} |w_m(n)|^2 \tag{6.65}$$

$$a_1(n) = \sum_{m=0}^{M-1} m |w_m(n)|^2 \tag{6.66}$$

$$a_2(n) = \sum_{m=0}^{M-2} (m+1) w_m(n) w_{m+1}^*(n) \tag{6.67}$$

由 A. C. Den Brink 等提出的定义可以得到

$$m_0(n) = a_0(n) \tag{6.68}$$

$$m_1(n) = \frac{|\lambda(n)|^2 a_0(n) + (1 + |\lambda(n)|^2) a_1(n) + 2\lambda(n) a_2(n)}{1 - |\lambda(n)|^2} \tag{6.69}$$

$$\mu(n) = \frac{\lambda(n) a_0(n) + 2\lambda(n) a_1(n) + a_2^*(n) + \lambda^2(n) a_2(n)}{1 - |\lambda(n)|^2} \tag{6.70}$$

$$\beta(n) = \frac{m_0(n) + 2 m_1(n)}{2\mu(n)} \tag{6.71}$$

得到给定系统的最优 Laguerre 极点估计为

$$\hat{\lambda}(n+1) = \beta^*(n)\left(1 - \sqrt{1 - \frac{1}{|\beta(n)|^2}}\right) \tag{6.72}$$

调节极点 λ 可以改变 Laguerre 滤波器的记忆位置和深度,因而对极点的有效估计可很好地增强滤波效果。

4. 基于 Laguerre 滤波器的自适应宽带跳频同址干扰抵消方法

采用 Laguerre 滤波器实现自适应宽带跳频同址干扰抵消不存在稳定性问题,采用较少的阶数就可以有效描述跳频同址干扰的动态特性,因而该干扰抵消器具备效率高和稳定性好的优点,系统结构如图 6.9 所示。

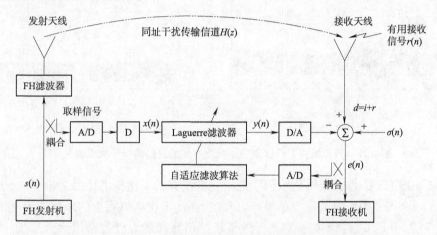

图 6.9　基于 Laguerre 滤波器的自适应宽带跳频同址干扰抵消系统

6.3.2　性能仿真与分析

为验证基于 Laguerre 滤波器的自适应宽带跳频同址干扰抵消方法的性能,采用计算机仿真,并将结果与 FIR 结构和全局收敛 IIR 结构(FELMS 算法)的自适应宽带干扰抵消方法进行比较。

同址干扰多径信道传输函数采用式(5.9),最大多径时延扩展为 23 ns;信道具有时变特性,每隔 0.1 ms 信道中多径的数量、时延和幅度发生随机变化;跳频范围为 108 ~ 175 MHz 和 225 ~ 400 MHz。其余仿真参数与表 5.1 一致。仿真中,采样速率为 1 GHz 时,由式(6.2)可以知道要求干扰抵消器阶数 $M_F \geqslant 23$;采样速率为 2 GHz 时,干扰抵消器阶数 $M_F \geqslant 46$。

分别对四种情况进行仿真,仿真结果取 10 次仿真的平均值:

(1)23 阶 FIR 结构同址干扰抵消器;

(2)46 阶 FIR 结构同址干扰抵消器(此时的采样速率为 2 GHz);

(3)23 阶全局收敛 IIR 结构(FELMS 算法)同址干扰抵消器,其反馈支路的阶数为 15 阶;

(4)23 阶 Laguerre 结构同址干扰抵消器。

图 6.10 为 FIR 结构自适应干扰抵消器的跳频同址干扰抵消性能仿真结果,其中,图 6.10(b)为采样速率 2 GHz、滤波器长度为 46 阶的 FIR 结构自适应干扰抵消器的跳频同址干扰抵消性能仿真结果。

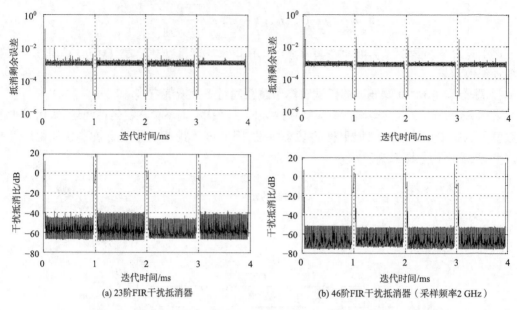

(a) 23阶FIR干扰抵消器　　　　　　　　(b) 46阶FIR干扰抵消器（采样频率2 GHz）

图 6.10　FIR 结构自适应宽带干扰抵消器的跳频同址干扰抵消性能

由图 6.10 可以看出,FIR 结构跳频同址干扰抵消器的干扰抵消比为 -40 ~ -50 dB。比较图 6.10(a)和图 6.10(b)的仿真结果可以看出,提高干扰抵消系统的采样速率可以提高干扰抵消的性能,但是采样速率的提高将导致干扰抵消系统的设计复杂度大大增加。同时,与模拟方式实现的导频辅助自适应宽带跳频同址干扰抵消方法相比(约 -30 dB),FIR 结构数字滤波器实现的自适应跳频同址干扰抵消方法可以提高干扰抵消性能 10 ~ 20 dB,同时也具有更好的稳定性。

基于全局收敛 IIR 算法的自适应宽带跳频同址干扰抵消性能仿真结果如图 6.11 所示。

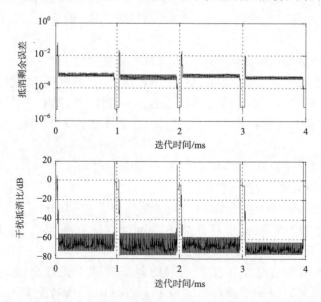

图 6.11　基于全局收敛 IIR 算法的宽带跳频同址干扰抵消性能

　　比较图 6.10 和图 6.11 的仿真结果可以看出,自适应 IIR 宽带跳频同址干扰抵消器可以获得略优于两倍阶数的自适应 FIR 宽带跳频同址干扰抵消器的性能,而明显优于相同阶数的自适应 FIR 宽带跳频同址干扰抵消器的性能。从计算量方面来分析,考虑 IIR 滤波器反馈支路的计算量,23 阶 IIR 干扰抵消器的计算量略小于 46 阶 FIR 干扰抵消器,但是采用 23 阶 IIR 干扰抵消器时系统的采样速率只有 46 阶 FIR 干扰抵消器的 1/2。因此,在系统复杂度和干扰抵消性能方面,基于 IIR 算法的跳频同址干扰抵消方法具有一定优势。

　　基于全局收敛 IIR 算法的自适应宽带跳频同址干扰抵消方法可以取得较好的自适应干扰抵消性能,虽然在仿真中也没有出现不稳定的情况,但是该方法的缺点在于理论上不能确保稳定性。如果采用 IIR-HARF(超稳定自适应递归滤波器)结构就可以确保算法的超稳定性能,但是其巨大的计算量对于处理具有长脉冲响应的射频信号显然过大。

　　基于 Laguerre 滤波器的自适应跳频同址干扰抵消性能仿真结果如图 6.12 所示。

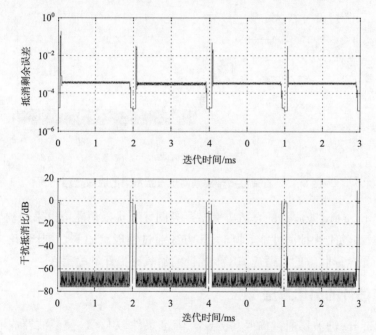

图 6.12　基于 Laguerre 滤波器的自适应宽带跳频同址干扰抵消性能

　　由图 6.12 的仿真结果,同时对比图 6.10 和图 6.11 的仿真结果可以看出,在相同的仿真条件下,基于 Laguerre 滤波器的自适应宽带跳频同址干扰抵消器可以获得比 FIR 结构干扰抵消器和 IIR 结构干扰抵消器更高和更稳定的干扰抵消性能。与相同阶数的 FIR 结构干扰抵消器相比,Laguerre 结构自适应宽带跳频同址干扰器可以获得非常明显的干扰抵消性能优势;与两倍阶数的 FIR 结构干扰抵消器相比,Laguerre 结构自适应宽带跳频同址干扰器也可以获得一定的干扰抵消性能优势,但是其射频采样速率只需要 FIR 结构抵消器采样速率的一半,可以有效减小干扰抵消器的实现复杂度;与自适应 IIR 干扰抵消器相比,Laguerre 结构自适应宽带跳频同址干扰器在抵消性能和稳定性方面均具有一定优势。

　　在跳频同址干扰信号换频过程中,基于 Laguerre 滤波器的自适应宽带跳频同址干扰抵消器收敛过程如图 6.13 所示。由图可以看出,干扰抵消器的收敛时间为 15 ~ 18 μs,对于 1 ms

的跳频周期而言,占 1.5% ~ 1.8%。在本书的仿真中,跳频信号换频时的功率上升时间为跳频周期的 1.5%。因此,实际的收敛时间仅占跳频周期的约 0.3%,抵消器的收敛速度非常快,完全可以满足抵消需求。

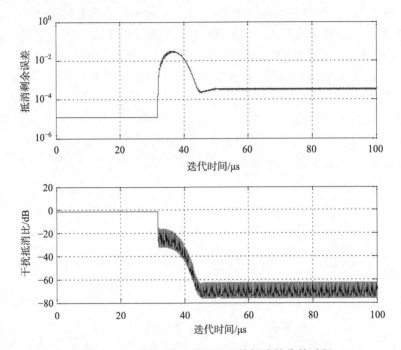

图 6.13　自适应宽带跳频同址干扰抵消的收敛过程

　　因此,基于 Laguerre 滤波器的自适应宽带跳频同址干扰抵消器可以采用较少的干扰抵消器阶数而获得较高的干扰抵消性能。同时,该方法通过使极点$|\lambda| < 1$,从理论上确保干扰抵消器稳定,因而比全局收敛的自适应 IIR 干扰抵消器具有更好的稳定性。

6.3.3　极点估计的简化方法

　　自适应 Laguerre 滤波器通过确保其极点 λ 满足条件$|\lambda| < 1$,使滤波器同时具有较好的长脉冲响应系统匹配性能和稳定性。但是由式(6.65) ~ 式(6.72)的自适应 Laguerre 滤波器极点估计公式可以看出,如果在自适应干扰抵消过程中的每次迭代都对极点 λ 进行估计,其计算量是非常巨大的,因而必须考虑减少 Laguerre 滤波器极点估计的计算量问题。因此,本书考虑采用固定极点的 Laguerre 滤波器进行自适应宽带跳频同址干扰抵消,可以有效降低自适应 Laguerre 滤波器的计算复杂度,该方法的缺点是对干扰抵消的性能产生一定的影响。

　　由于 Laguerre 滤波器的前端为一个低通滤波器延迟节,因此 Laguerre 滤波器极点 λ 的不同选择会影响自适应干扰抵消的效果。当采样速率为 1 GHz 时,图 6.14 显示了 Laguerre 滤波器极点 λ 在 $0 \rightarrow i$ 的变化过程中,转移函数 $L_1(z)$ 幅频响应曲线。可以看出,随着极点 $\lambda \rightarrow i$,Laguerre 滤波器在整个超短波地空通信 108 ~ 400 MHz 频段的记忆深度得到了很好的增强。同时,只要满足 $\lambda < i$ 就可以保证固定极点的 Laguerre 滤波器是稳定的。

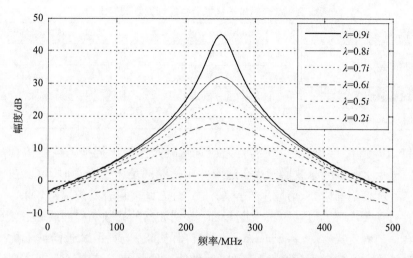

图 6.14　转移函数 $L_1(z)$ 随极点 λ 变化的幅频响应曲线

　　自适应宽带跳频同址干扰抵消采用固定极点的 Laguerre 滤波器时，$\lambda \rightarrow i$ 的过程中干扰抵消比随 Laguerre 滤波器极点 λ 的变化曲线如图 6.15 所示。

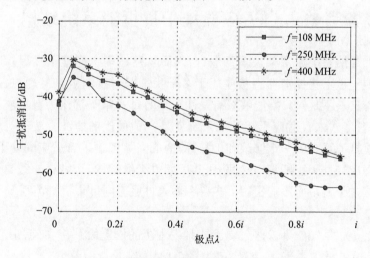

图 6.15　干扰抵消比随固定极点 λ 的变化曲线

　　比较图 6.12 和图 6.15 的结果，可以看出采用固定极点方法时，自适应宽带跳频同址干扰抵消的性能比实时估计极点 λ 时的性能存在一定下降，特别是在 λ 较小的时候。但随着 λ 的值不断趋近于 i，干扰抵消性能得到了很大提高。由图 6.14 可以看出，在 250 MHz 处 Laguerre 滤波器的记忆深度最大，因而，同址干扰抵消也取得了最好的性能。同时可以发现，当 λ 取大于 $0.9i$ 的值时，整体依然可以取得较好的干扰抵消性能，优于 FIR 结构的自适应宽带跳频同址干扰抵消方法的性能。因此，固定极点 λ 的值同样可以取得较好的跳频同址干扰抵消性能。

　　FIR 结构、IIR 结构和固定极点 Laguerre 结构的自适应宽带干扰抵消器的计算复杂度比较见表 6.2。

表6.2　宽带同址干扰抵消器的计算复杂度比较

干扰抵消器结构	抵消器阶数	计算量（加/乘次数）
FIR 结构	M	$3M+11$
	$2M$	$6M+11$
IIR 结构（FELMS 算法）	M、N（反馈支路）	$3M+4N+12$
固定极点 Laguerre 结构	M	$6M+11$

综合图 6.10、图 6.11 和图 6.15 的自适应宽带跳频同址干扰抵消性能仿真结果可以发现，采用固定极点 Laguerre 滤波器实现自适应宽带跳频同址干扰抵消时，可以在干扰抵消性能和计算复杂度、抵消器阶数、射频采样速率、稳定性之间取得较好的综合效果。

因此，针对 V/UHF 的频段特点，根据 Laguerre 滤波器的幅频响应曲线和系统采样速率的关系，选取合适的固定极点 λ，基于 Laguerre 滤波器的自适应宽带跳频同址干扰抵消方法具有实现简单、计算复杂度较小、性能稳定和抵消性能好的优点。该方法在提高自适应宽带跳频同址干扰抵消性能的同时，可以采用较少的滤波器阶数，降低干扰抵消系统的射频采样速率和系统设计的复杂性，具有一定的现实意义。

6.4　多参考输入自适应同址干扰抵消系统结构

空间受限的通信系统通常架设多部电台，因而就存在多个同址干扰源。以上讨论的单参考输入自适应同址干扰抵消器直接应用于多干扰情况时抵消效果不理想，采用多参考输入模型可以改善这一不足。只要能够获得线性独立的每一路干扰作为自适应干扰抵消系统的参考输入，多参考输入自适应干扰抵消系统就是一种最优的滤波方法。对单参考输入的自适应同址干扰抵消系统做一定修改和扩充，即构成多参考输入自适应同址干扰抵消系统。通信系统的自适应同址干扰抵消，必须采用共用接收天线结构，否则将导致自适应同址干扰抵消系统的结构过于复杂而不能实用。多参考输入自适应同址干扰抵消系统结构如图 6.16 所示。

图 6.16 中，s_k 为第 $k(k=1,2,\cdots,K)$ 个本地发射机的发射信号，d 为有用接收信号 r 叠加同址干扰信号 i 后的抵消器输入信号，σ 为系统热噪声，e 为误差信号、也是干扰抵消系统输出。

下面对基于 FIR 结构和 Laguerre 结构的多参考输入自适应同址干扰系统算法进行推导。

多参考输入自适应干扰抵消器第 k 路的参考输入 $S_k(n)$ 和权系数向量 $W_k(n)$ 为

$$S_k(n)=(s_{k,0}(n),s_{k,1}(n),\cdots,s_{k,M-1}(n))^{\mathrm{T}} \tag{6.73}$$

$$W_k(n)=(w_{k,0}(n),w_{k,1}(n),\cdots,w_{k,M-1}(n)]^{\mathrm{T}} \tag{6.74}$$

式中，M 为干扰抵消器阶数。

自适应滤波器输出 $y(n)$ 为

$$y(n)=\sum_{k=1}^{K}S_k^{\mathrm{T}}(n)W_k(n) \tag{6.75}$$

多参考输入自适应同址干扰抵消系统的参考输入和权系数向量总结如下：

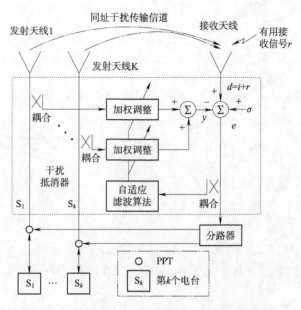

图 6.16　多参考输入自适应同址干扰抵消系统结构

$$S(n) = \left[S_1^{\mathrm{T}}(n), S_2^{\mathrm{T}}(n), \cdots, S_K^{\mathrm{T}}(n) \right]^{\mathrm{T}} \tag{6.76}$$

$$W(n) = \left[W_1^{\mathrm{T}}(n), W_2^{\mathrm{T}}(n), \cdots, W_K^{\mathrm{T}}(n) \right]^{\mathrm{T}} \tag{6.77}$$

由此得到自适应滤波器输出 $y(n)$ 和误差 $e(n)$ 分别为

$$y(n) = S(n)^{\mathrm{T}} W(n) \tag{6.78}$$

$$e(n) = d(n) - y(n) = d(n) - S(n)^{\mathrm{T}} W(n) \tag{6.79}$$

基于改进 LMS/F 组合算法的多参考输入自适应干扰抵消算法权系数向量 $W(n)$ 的迭代公式如下：

$$W(n+1) = W(n) + 2\mu \frac{e^3(n)}{e^2(n)/\gamma + V_{\mathrm{th}}} X(n) \tag{6.80}$$

式中，$0 < \mu < 1/\lambda_{\max}$，$\lambda_{\max}$ 为多参考输入信号 $S(n)$ 相关矩阵 $R_{ss}(n)$ 的最大特征值。

▌ 小结

本章系统分析了基于数字滤波器的自适应宽带跳频同址干扰抵消方法，针对自适应跳频同址干扰抵消要求收敛速度快的特点，采用 Laguerre 滤波器实现自适应宽带跳频同址干扰抵消。针对 Laguerre 滤波器极点实时估计的计算量问题，综合 Laguerre 滤波器的幅频响应特性、系统采样速率和 V/UHF 频段特点，采用基于固定极点 Laguerre 滤波器的自适应宽带跳频同址干扰抵消方法具有更好的实用价值。

参考文献

[1] ALLSEBROOK K,RHBLE C. VHF cosite interference challenges and solutions for the United States Marine Corps' expeditionary fighting vehicle program [C]// 2004 IEEE Military Communications Conference (MILCOM'2004),2004:548-554.

[2] 袁小刚,黄国策,郭兴阳. 航空通信跳频电台同址干扰分析与对策[J]. 舰船电子工程,2009,29(1): 79-84.

[3] 那振宇,高梓贺,郭庆. 对跳频通信系统典型干扰性能的分析[J]. 科学技术与工程,2009,9(8): 2072-2076.

[4] MAIUZZO M, HARWOOD T, DUFF D W. Radio frequency distribution system (RFDS) for cosite electromagnetic compatibility [C]// IEEE Military Communications Conference (MILCOM'2005), 2005: 250-255.

[5] PAULEY D E,SNYDER R. Cosite interference simulation[C]// IEEE Military Communications Conference (MILCOM'99),1999:1267-1271.

[6] LI S T,MCGEE J,TAM D,et al. EMC analysis of a shipboard frequency-hopping communication system[C]// IEEE Military Communications Conference (MILCOM'96),1996:219-224.

[7] 王继业. 地空超短波电台跳频数传的设计与实现[D]. 天津:天津大学,2003.

[8] 袁小刚,黄国策,魏强,等. 同址干扰用电调谐带通滤波器设计[J]. 压电与声光,2008,30(5):528-531.

[9] BAHU M B,TAYLOR L L. Tactical communication EMI EMC co-site problems and solutions[C]// IEEE Military Communications Conference (MILCOM'94),1994:255-263.

[10] LOW J,WONG A S. Systematic approach to cosite analysis and mitigation techniques[C]// IEEE Military Communications Conference (MILCOM'90),1990:555-567.

[11] LUSTGARTEN M,HENSLER T,MAIUZZO M. A cosite analysis capability for evaluting the EMC of frequency hopping and single channel radios[C]// IEEE Military Communications Conference (MILCOM'90),1990: 543-553.

[12] 纪奕才,邱扬,陈伟,等. 车载多天线系统的电磁兼容问题分析[J]. 电子学报,2002,30(4):561-564.

[13] 张文利. 自适应干扰抵消技术研究[D]. 南京:东南大学,2002.

[14] 张鹏. 宽带大功率自适应干扰抵消系统性能研究[D]. 西安:西安电子科技大学,2001.

[15] LUSTGARTEN M N. COSAM (co-site analysis model)[C]// IEEE Electromagnetic Compatibility Symposium Record,1970:394-406.

[16] ROCKWAY J W,LI S T. Design communication algorithm (DECAL)[C]// IEEE International Symposium

on Electromagnetic Compatibility,1978:288-292.

[17] MINOR L C,KOZIUK F M,ROCKWAY J W. A new computer program for the EMC performance evaluation of communication systems in a cosite configuration[C]// IEEE International Symposium on Electromagnetic Compatibility,1978:295-301.

[18] JSAACS J,ROBERTSON W,MORRISON R. A cosite analysis for frequency hopping radio systems[J]. IEEE Military Communications Conference (MILCOM'91),1991:522-526.

[19] JSAACS J,MCNAIR T,MORRISON R. A program for analyzing cosite interference between frequency hopping radios[C]// IEEE Military Communications Conference (MILCOM'92),1992:119-124.

[20] BOUCHARD R P,HEIDRICH A J,RASCHKE R R. Shipboard electromagnetic compatibility analysis,SEMCA (V) user's reference manual[C]// HPCMP Users Group Conference,1973:245-252.

[21] MCEACHEN J C. Topside EM environment analysis in designing the DD-963 class ship[C]// IEEE International Electromagnetic Compatibility Symposium Record,1972:155-162.

[22] ALEXANDER P,MAGIS P,HOLTZMAN J. A methodology for interoperability analysis[C]// IEEE Military Communications Conference (MILCOM'89),1989:905-910.

[23] 梅文华.跳频通信[M].北京:国防工业出版社,2005.

[24] SARKOLA E. Channel assignment methods in frequency hopping cellular radio networks[C]// Military Communications Conference (MILCOM'97),1997:771-775.

[25] GUPTA D K. Metaheuristic algorithms for frequency assignment problems[C]// IEEE International Conference on Personal Wireless Communications,2005:456-459.

[26] SINGH A P. Frequency assignment to obtain operational EMC in the battlefield[C]// IEEE Military Communications Conference (MILCOM'95),1995:209-215.

[27] DUPONT A,LINHARES A C,ARTIGUES C. The dynamic frequency assignment problem[J]. European Journal of Operational Research,2008(1):1-14.

[28] SMITH D H,TAPLIN R K,HURLEY S. Frequency assignment with complex co-site constrints[J]. IEEE Transactions on Electromagnetic Compatibility,2001,43(2):210-218.

[29] MOON J N J,HUGHES L A,SMITH D H. Assignment of frequency lists in frequency hopping networks[J]. IEEE Transaction on Vehicular Technology,2005,54(3):1147-1159.

[30] REHFUESS U,IVANOV K. Comparing frequency planning against 1x3 and 1x1 re-use in real frequency hopping networks[C]// Military Communications Conference (MILCOM'99),1999:1845-1849.

[31] 姚友雷,王宝发.机载天线电磁兼容及布局分析[J].航空学报,1994,15(6):740-744.

[32] SALCEDO-SANZ S,SANTIAGO-MOZOS R,BOUSOñO-CALZóN C. A hybrid hopfield network-simulated annealing approach for frequency assignment in satellite communications systems[J]. IEEE Transactions on System,2004,34(2):1108-1116.

[33] IBATOULLINE E A. The antennas on a mobile board and their electromagnetic compatibility[J]. IEEE Transaction on Electromagnetic Compatibility,2003,45(1):119-124.

[34] 张威,金宏兴.超短波电台电磁兼容设计[J].通信与广播电视,2005(1):17-22.

[35] SARRIS C D,CZARNUL P,CHUN D. Time domain modeling for large scale cosite interference problems utilizing parallel computing and wavelets[C]// HPCMP Users Group Conference,2001:1-6.

[36] 张崎,赵晓楠,吴炜,等.RHS 技术在舰载天线优化布局中的应用[J].华中科技大学学报(自然科学版),2008,36(7):37-40.

[37] SCHLAGENHAUFER F. Investigation of the coupling between HF-antennas on complex structures[C]// IEEE International Symposium on EMC Proceedings,1998:696-700.

［38］SUGIURA A. Antenna arrangements for broadband antenna calibration using the standard antenna method［C］// IEEE International Symposium on EMC Proceedings,2001:974-979.

［39］MILLER J A,HORNE A R. Radio frequency compatibility design and testing on the polar platform spacecraft［C］// International Conference on EMC Proceedings,1997:35-40.

［40］PFLUG D R. A novel test article for validation of EMC codes for antenna-to-antenna coupling and antenna isolation:the transformable scale aircraft-like model［C］// IEEE International Symposium on EMC Proceedings,1998:246-149.

［41］LI Y. Study for the automatic evaluation of co-site interference［C］// IEEE Military Communications Conference (MILCOM'2000),2000:586-589.

［42］WILLIMAN G,RIVINGSTON T. A performance analysis of cosite filters in a collocated SINCGARS environment［C］// IEEE Military Communications Conference (MILCOM'90),1990:593-604.

［43］CARLSSON O. A method to analyze interference from frequency hopping radios and its application to the proffar cosite filter for the swedish army［C］// IEEE Military Communications Conference (MILCOM'89),1989:928-934.

［44］CHAMBERS D S G,HOWETT D W,STREETER R D. Removing cosite interference using tunable filter technology［J］. IEEE Military Communications Conference (MILCOM'92). 1992:261-270.

［45］ECHEVARRIA R,TAYLOR L L. Co-site interference tests of JTIDS,EPLRS,SINCGARS,and MSE (MSRT)［C］// IEEE Military Communications Conference (MILCOM'92),1992:31-39.

［46］HARRINGTON T A. Business development engineer P. mitigating self-generated communications interference［C］// Military Communications Conference (MILCOM'2004),2004:172-175.

［47］赵志法,鲁道海,冉隆科. 现代战术通信系统概论［M］. 北京:国防工业出版社,1998.

［48］NOLAN T C,STARK W E. Mitigation of cosite interference in nonlinear receivers with MEMS filters［C］// IEEE Military Communications Conference (MILCOM'2000),2000:769-773.

［49］ADAMS R C,MOELLER K M,ROCKWAV J W. The joint tactical radio and the navy RF distribution system challenge［C］// IEEE Military Communications Conference (MILCOM'2002),2002:359-362.

［50］MAIUZZO M A,LI S T,ROCKWAY J W. Comb limiter combiner for frequency-hopped communications (CLIC):U. S,6549560［P］. 2003.

［51］MAIUZZO M A,LI S T,ROCKWAY J W. Comb linear amplifier combiner (CLAC):U. S,6211732［P］. 2001.

［52］王平军,徐敬,杨新友. 对跳频通信系统干扰方法的研究［J］. 舰船电子对抗,2006(5):30-32.

［53］KUB F J,JUSTH E W,LIPPARD B L. Self-calibrating hybrid analog CMOS co-site interference canceller［C］// IEEE Military Communications Conference (MILCOM'99),1999:103-107.

［54］GHADAKSAZ M. Novel active RF tracking notch filters for interference suppression in HF VHF and UHF frequency hopping receiver［C］// IEEE Military Communications Conference (MILCOM'91),1991:956-960.

［55］CHAN N,PETERSON L. Reduction of cosite interference for digital FM frequency hopping radios［C］// IEEE Military Communications Conference(MILCOM'96),1996:1036-1040.

［56］KOWALSKI A M. Wideband co-site interference reduction apparatus:U. S,6693971［P］. 2004.

［57］MAXSON B D. Optimal cancellation of frequency-selective cosite interference［D］. Cincinnati:University of Cincinnati,2002.

［58］周铁仿. 战术电台车同址干扰的计算机仿真研究［J］. 计算机仿真,2002,19(6):13-14.

［59］甘良才,邹学玉,吴燕翔. 一种短波跳频网的固定信道分配算法［J］. 通信学报,2000,21(12):84-89.

［60］郎健敏,蒋铃鸽,诸鸿文. 慢跳频 GSM 网络中一种基于专用频段的动态频率分配方案［J］. 上海交通大

学学报,2001,35(11):1696-1700.

[61] 宁静. 多部电台同车同址工作时的电磁兼容[D]. 西安:西安电子科技大学,2006.

[62] 胡军. 车载通信系统电磁兼容测试与互连性能评估[D]. 西安:西安电子科技大学,2007.

[63] 袁军,邱扬,刘其中,等. 基于空间映射及遗传算法的车载天线优化配置[J]. 电波科学学报,2006,21(1):16-32.

[64] QIU Y,YUAN J,TIAN J. Antenna position optimal design for reducing interference[C]// International Symposium on EMC Proceedings,2004:689-693.

[65] YUAN X G,HUANG G C. Frequency assignment in military synchronous FH networks with cosite constraints [C]// KAM Colloquium on Computer,Comunication,Control and Automation,2008:655-658.

[66] 李宏,贺杰,张泓. 数字调谐滤波器的主要技术途径及分析[C]// 第十四届全国混合集成电路学术会议论文集,2004:6-9.

[67] 刘宗武. 功率数控跳频滤波器[J]. 计算机与网络,2005(22):57-59.

[68] 宋波,陈江,于再兴. 跳频滤波器研制初探[J]. 军事通信技术,2001,22(1):68-70.

[69] 王斌,刘家树. 一种数控跳频滤波器电路的设计[J]. 微电子学,2006,36(4):473-475.

[70] 王洪胜,柴旭荣,谢永斌. 225MHz-400MHz 压控调谐滤波器的实现[J]. 电子对抗,2007(3):35-38.

[71] 严琴,冯勇建. 基于跳频通信的带通滤波器[J]. 传感技术学报,2007,20(6):1303-1306.

[72] 杨毅生. 跳频源用低损耗声表面波滤波器[J]. 压电与声光. 1993,15(6):5-7.

[73] 崔炎,刘俭成,王鹏飞. V/UHF 大功率开关滤波器组的设计与实现[J]. 计算机与网络,2005(11):60-61.

[74] 黄建人. 正交自适应干扰抵消滤波器[J]. 南京工学院学报,1986(2):51-57.

[75] 郑伟强,杜武林. 自适应干扰抵消研究[J]. 电讯技术,1991,31(6):20-27.

[76] 谢伟,李剑宏. 超短波跳频电台组织运用的仿真评估问题研究[C]// 计算机技术与应用进展2007:全国第18届计算机技术与应用(CACIS)学术会议论文集,2007:1306-1310.

[77] 沈晓平,王清泉. 短波自适应干扰抵消技术的工程应用[J]. 现代通信技术,1998,29(4):52-56.

[78] 李伟. 超短波跳频电台干扰信号的产生及 FPGA 实现[D]. 长沙:国防科学技术大学,2004.

[79] 徐建斌,尹锁柱. 超短波跳频电台频率合成器设计[J]. 电子科技,2008(4):4-6.

[80] 袁小刚,黄国策,牛红波,等. 共用天线结合导频的跳频同址干扰抑制方法[J]. 北京邮电大学学报,2009,32(5):9-10.

[81] 姚中兴,李华树,任桂兴. 通信自适应干扰对消系统的性能分析[J]. 西安电子科技大学学报,1995,22(3):256-261.

[82] 张世全. 微波与射频段无源互调干扰研究[D]. 西安:西安电子科技大学,2004.

[83] BOLLI P,SELLERI S,PELOSI G. Passive intermodulation on large reflector antennas[J]. IEEE Antenna's and Propagation Magazine,2002,44(5):13-20.

[84] 陈小鹏,王庭昌. 超短波跳频电台异步组网电磁兼容研究[J]. 现代军事通信,2008,16(2):42-45.

[85] 袁小刚,黄国策,牛红波,等. 同址干扰限制下跳频异步网的频率分配方法[J]. 计算机科学,2010,37(1):60-63.

[86] 梁俊. 通信系统与测量[M]. 西安:西安电子科技大学出版社,2008.

[87] 路宏敏. 工程电磁兼容[M]. 西安:西安电子科技大学出版社,2003.

[88] KRAEMER J G. EMC analysis of collocated UHF frequency hopping systems employing active noise cancellation[C]// IEEE Military Communications Conference (MILCOM'95),1995:516-521.

[89] 贺博. 通信系统中的互调干扰分析[D]. 北京:北京交通大学,2005.

[90] YUAN X G. Multi-antennas layout optimization in limited area using GA/SA algorithm [C]// Proceedings of

SPIE - International Conference on Signal Processing and Communication Technology (SPCT 2021):12178.

[91] 袁军,邱扬,田锦.电磁兼容设计中通信车辆天线布局设计[J].安全与电磁兼容,2003(6):55-57.

[92] 魏关锋.用遗传/模拟退火算法进行具有多流股换热器的换热网络综合[D].大连:大连理工大学,2003.

[93] 苗玉彬.逆摄动法和人机交互退火遗传算法及其应用[D].大连:大连理工大学,2001.

[94] 王霞,周国标.整体退火遗传算法的几乎处处强收敛性[J].应用数学,2003,16(3):1-7.

[95] GHOSH S C,SINHA B P,DAS N. Channel assignment using genetic algorithm based on geometric symmetry [J]. IEEE Transactions on Vehicular Technology,2003,52(4):860-875.

[96] 夏定元,王卫东,郑继禹.快速跳频 PLL 中杂散抑制比的最佳设计值[J].系统工程与电子技术,2004, 26(1):11-13.

[97] 袁小刚,黄国策,郭兴阳,等.空间受限平台跳频通信系统的频率分配研究[J].系统工程与电子技术, 2010,32(5):904-907.

[98] THORNTON R. Simultaneous operation of UHF communication channels on an airborne platform[C]// IEEE Military Communications Conference (MILCOM'90),1994:136-142.

[99] 徐俊杰,忻展红.基于微正则退火的频率分配方法[J].北京邮电大学学报,2007,30(2):67-70.

[100] 何振亚.自适应信号处理[M].北京:科学出版社,2002.

[101] 申建中,何修富,张玉水.微波、超短波自适应干扰抵消器的实现[J].系统工程理论与实践,2002,22 (9):84-87.

[102] LAGASSE M J,LEXINGTON M A. Cosite interference rejection system using an optical approach:U. S, 7231151B2[P]. 2007.

[103] AL D N. Single-carrier frequency-domain equalization for space-time block-coded transmissions over frequency-selective fading channels[J]. IEEE Communications Letters,2001,5(7):304-306.

[104] SODERSTRAND M A, JOHNSON T G, STRANDBERG R H. Suppression of multiple narrow-band interference using real-time adaptive notch filters[J]. IEEE Transactions on Circuits and Systems,1997,44 (3):217-225.

[105] KIM H N, KIM W J, LEE Y S. An adaptive IIR pre-equalizer for terrestrial DTV transmitters[J]. IEEE Transactions on Broadcasting,2007,53(1):120-126.

[106] 傅海阳.SDH 数字微波传输系统[M].北京:人民邮电出版社,1998.

[107] CHU Y,HORNG W Y. A robust algorithm for adaptive interference cancellation[J]. IEEE Transactions on Antennas and Propagation,2008,56(7):2121-2124.

[108] 丛卫华,刘孟庵,惠俊英.自适应宽带多途干扰抵消的实时处理算法[J].声学与电子工程,1999(3): 1-10.

[109] SUN X,MENG G. Steiglitz-mcbride type adaptive IIR algorithm for active noise control[J]. Journal of Sound and Vibration,2004(273):441-450.

[110] 孙旭,陈端石.基于无限脉冲响应滤波器的自适应滤波 E 型有源噪声控制算法[J].声学学报,2003, 28(2):171-176.

[111] 王振力,张雄伟,杨吉斌,等.一种新的快速自适应滤波算法的研究[J].通信学报,2005,26(11):1-6.

[112] 覃景繁,欧阳景正.一种新的变步长 LMS 自适应滤波算法[J].数据采集与处理,1997,12(3): 172-174.

[113] 兰瑞明,唐普英.一种新的变步长 LMS 自适应算法[J].系统工程与电子技术,2005,27(7): 1308-1311.

[114] HUBSCHER P I,BERMUDEZ J C M. An improved statistical analysis of the least mean fourth (LMF)

adaptive algorithm[J]. IEEE Transactions on Signal Processing,2003,51(3):664-671.

[115] YUAN X G,HUANG G C,LIU Y J. A novel variable step-size LMS algorithm based on tansig function[J]. Journal of Information & Computational Science,2008,5(4):1731-1737.

[116] 袁小刚,黄国策,许彬.一种改进的 LMS/F 组合算法及其在干扰抵消中的应用[J].电子技术应用, 2009,35(2):121-124.

[117] 罗小东,贾振红,王强.一种新的变步长 LMS 自适应滤波算法[J].电子学报,2006,34(6):1123-1126.

[118] 袁小刚,黄国策,刘剑,等.用 Laguerre 滤波器实现自适应跳频同址干扰抵消[J].计算机科学,2009,36 (11):93-96.

[119] 李嗣福,李亚秦,许自富.一种增广的 Laguerre 模型自适应预测控制算法[J].中国科技大学学报, 2001,31(1):92-98.

[120] BOUKIS C,MANDIC D P,CONSTANTINIDES A G. A Novel algorithm for the adaptation of the pole of laguerre filters[J]. IEEE Signal Processing Letters,2006,13(7):429-432.

[121] MASNADI-SHIRAZI M A,ZOLLANVARI A. Complex digital laguerre filter design with weighted least square error subject to magnitude and phase constraints[J]. Signal Processing,2008,88:796-810.

[122] 贺双赤.用 Laguerre 滤波器实现多径衰落信道自适应均衡[J].电讯技术,2004,44(1):82-86.

[123] BRINKER A C D,SARROUKH B E. Pole Optimisation in adaptive laguerre filtering[C]// IEEE International Conference on Acoustics,Speech and Signal Processing,2004:649-652.

[124] YUAN J. Adaptive laguerre filters for active noise control[J]. Applied Acoustics,2007,68(1):86-96.

[125] HAAS E H. Aeronautical channel modeling[J]. IEEE Transaction on Vehicular Technology,2002,51(2): 254-264.

[126] 袁小刚,黄国策.多参考输入自适应 IIR 跳频同址干扰抵消算法研究[J].现代防御技术,2009,29(5): 9-10.